Début d'une série de documents
en couleur

Gabriel COMPAYRÉ

Herbert Spencer

et

l'Éducation Scientifique

PAUL DELAPLANE
ÉDITEUR

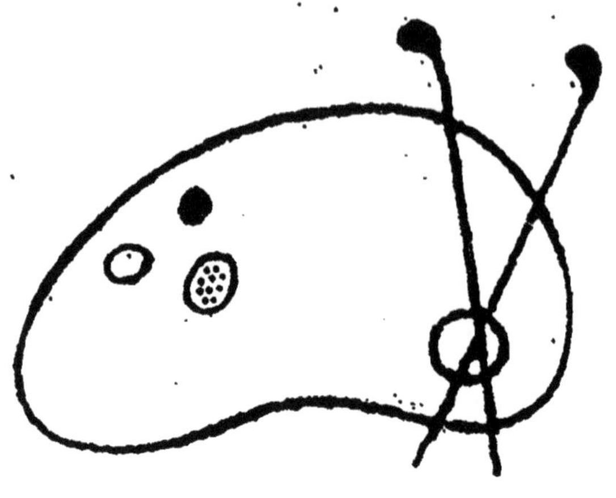

Fin d'une série de documents
en couleur

Herbert Spencer

et

l'Éducation Scientifique

LES GRANDS ÉDUCATEURS

Viennent de paraître :

J.-J. Rousseau, *et l'Éducation de la nature*, par Gabriel Compayré, Correspondant de l'Institut, Recteur de l'Académie de Lyon. 1 vol. in-18 raisin, broché......... » 90

Herbert Spencer, *et l'Éducation scientifique*, par Gabriel Compayré. 1 vol. in-18 raisin, broché..... » 90

Pour paraître prochainement :

Pestalozzi, *et l'Éducation élémentaire*, par Gabriel Compayré. 1 vol. in-18 raisin, broché............... » 90

Condorcet, par F. Vial, ancien élève de l'Ecole normale supérieure, agrégé des Lettres, professeur au Lycée Lakanal et à l'Ecole normale supérieure de Saint-Cloud. 1 vol. in-18 raisin, broché...................... » 90

Rollin, par G. Ferté, agrégé des Lettres, professeur de rhétorique au Lycée Janson de Sailly. 1 vol. in-18 raisin, broché... » 90

En préparation :

Montaigne. — Fénelon. — Coménius. — Locke. — Démia et La Salle. — Port-Royal. — Froebel. — Horace Mann. — Matthew Arnold. — Herbart. — Jean Macé. — Félix Pécaut. — Rosmini. — Sarmiento. — Tolstoï, etc.

1906-01. — Corbeil. Imprimerie Éd. Crété.

Herbert Spencer

et

l'Éducation Scientifique

PAR

GABRIEL COMPAYRÉ

CORRESPONDANT DE L'INSTITUT
RECTEUR DE L'ACADÉMIE DE LYON

PARIS

LIBRAIRIE PAUL DELAPLANE

48, RUE MONSIEUR-LE-PRINCE, 48

AVANT-PROPOS

En publiant cette série de monographies consacrées aux
« Grands Éducateurs » de tous les temps et de toutes les
nations, le but que nous poursuivons est multiple.

Il s'agit d'abord de faire revivre, dans leur physionomie
morale, dans leur pensée et dans leur action, dans leurs
théories comme dans leurs méthodes, tous ceux qui, avec
quelque éclat, ont contribué à réformer, à faire avancer
l'instruction et l'éducation de l'humanité, et qui méritent
de prendre place dans le livre d'or de l'histoire de la pédagogie.

Mais, après avoir mis en relief chacune de ces figures
héroïques, il s'agit aussi de rattacher à leur individualité
propre les tendances générales de l'époque où ont vécu ces
réformateurs, les institutions scolaires de leur pays et
comme le génie de leur race, afin de montrer, dans une suite
de tableaux, les efforts et les progrès des peuples civilisés.

Enfin, ce n'est pas seulement l'histoire que nous voudrions
raconter. Notre ambition est plus haute : elle consisterait à
confronter avec les pensées d'autrefois les opinions d'aujourd'hui, les besoins et les aspirations de la société
moderne, et à préparer ainsi la solution des problèmes
pédagogiques qui se posent devant le vingtième siècle.

Si, dans cette série de monographies nous avons placé
M. Herbert Spencer immédiatement après J.-J. Rousseau,
c'est qu'il y a intérêt à faire ressortir quelle étroite filiation
de doctrine, au point de vue de l'éducation, existe entre
l'immortel philosophe du XVIIIᵉ siècle, et l'illustre sociologue
contemporain, qui, dans la paix de sa vieillesse, est encore
le témoin de sa gloire.

Nous ne connaissons pas à l'auteur de l'Émile un disciple plus authentique que le séduisant écrivain de l'essai sur l'Éducation. Sans doute, ils diffèrent profondément dans leurs vues générales sur le monde et sur l'humanité. La grande loi de l'évolution qui est la clef de voûte du système de M. Herbert Spencer n'a pas été même soupçonnée par Rousseau. L'idée d'un progrès indéfini lui est totalement étrangère. Et avec sa Providence immobile, avec sa superstitieuse adoration pour une nature qui aurait été créée immédiatement parfaite, Rousseau peut aujourd'hui paraître un attardé, à côté du philosophe évolutionniste qui conçoit la vie de l'univers comme un perpétuel mouvement vers une perfection future. Mais ils n'en ont pas moins cherché, l'un et l'autre, dans la nature différemment comprise mais également respectée et proclamée comme le guide suprême, le principe de toute réforme de l'éducation. Nombre de pages de ce beau livre de l'Éducation, dont nous allons essayer de condenser la substance dans une trop courte analyse, ne sont guère que le développement ample et clair, et comme l'orchestration brillante de thèmes empruntés à l'Émile. Le livre tout entier, — quoique le nom de Rousseau n'y soit pas prononcé une seule fois, — est plein de l'inspiration de Rousseau. Et si M. Herbert Spencer, pour distinguer jalousement son propre positivisme du positivisme français a écrit son opuscule Reasons of dissenting from M. Comte, il aurait pu tout aussi bien en composer un autre, intitulé : Reasons of according to Rousseau.

Nous dédions cette étude, et celles qui suivront, à tous ceux qu'intéressent les choses de l'éducation, et qui pensent, comme nous, que la question de l'éducation est la question vitale, celle dont dépend l'avenir des peuples ; qu'aucune réforme sociale n'est possible en dehors d'elle ; qu'enfin le progrès de l'éducation est la question de vie ou de mort pour les sociétés comme pour les individus.

HERBERT SPENCER

C'est une question de savoir jusqu'à quel point, pour écrire avec succès un livre sur l'éducation, un auteur a besoin d'être lui-même un professeur, d'avoir acquis dans l'exercice de l'enseignement une compétence professionnelle. L'exemple de Rousseau nous l'a déjà fait voir : pour utiles que soient la pratique et l'expérience personnelle, un philosophe peut s'en passer pour composer un admirable traité sur l'art d'élever les hommes. Il n'est pas absolument indispensable d'être monté dans une chaire, d'avoir fait la classe, pour être capable de déterminer les grandes lois de l'instruction et de l'éducation. Bien d'autres que Rousseau, — Montaigne, Fénelon, Locke, pour ne citer que ceux-là, — se sont révélés éducateurs avisés, sans qu'ils aient été à aucun titre des « professionnels » de l'éducation. On pourrait même se risquer à soutenir qu'il y a, pour un écrivain pédagogique, certains avantages à entrer dans son sujet avec un esprit libre et frais, pour ainsi dire qui ne soit pas « l'esprit de corps », que n'embarrassent, ni les traditions longtemps obéies, ni les préjugés d'école, qui enfin ne soit pas incliné par la force de l'habitude à révérer, comme autant d'articles de foi, comme des vérités intangibles, les méthodes et les procédés auxquels l'a attaché une longue et intime fidélité. Il faut quelque héroïsme à un professeur, à un « scholar », pour désavouer le système d'études au service duquel il a employé ses forces et dépensé sa vie. L'homme du métier, d'ailleurs, a son attention absorbée par les particularités et les détails de la pratique ; enfoncé, comme « le bon Rollin », dans les difficultés de l'application, il n'a, ni le loisir, ni toujours la force d'esprit nécessaire pour s'élever aux hautes questions qui dominent le sujet. Il voit certainement les choses avec plus de précision, les étudiant de plus près ; mais le théoricien, pour peu qu'il soit philosophe, les voit de plus haut, et s'il est exposé à s'égarer dans des conceptions fausses que l'expérience n'a point contrôlées, ni vérifiées, il est mieux placé pour saisir les vérités générales qui échappent au regard borné du praticien.

L'exemple de M. Herbert Spencer, qui, lui aussi, comme Rousseau, est simplement un penseur théorique, va nous montrer, dans son célèbre essai sur l'*Éducation intellectuelle, morale et physique* (1), comment l'inexpérience professionnelle,

(1) L'*Éducation intellectuelle, morale et physique* n'est pas un livre, à proprement parler. C'est un recueil d'articles, que l'auteur a réunis, en 1861, pour les publier en volume. Le premier chapitre, *What knowledge is of most worth*, avait paru, en 1859, dans la *Westminster Review* ; le second, qui est le plus ancien, *Intellectual*

bien qu'elle soit toujours fâcheuse, peut être compensée et rachetée en partie par la puissance de réflexion d'un grand et vaste esprit, qui a abordé tous les problèmes du monde physique et du monde moral. Sans doute, il y aura des réserves importantes à faire, et, quelle que soit notre admiration pour l'ingénieux et séduisant travail de M. Spencer, nous ne lui ménagerons pas les critiques (1). Mais ses idées, même les plus systématiques et les plus absolues, — et surtout celles-là peut-être, — valent d'être connues, et nous souscrivons volontiers au jugement d'un pédagogue américain distingué, M. W.-H. Payne, aujourd'hui professeur à l'Université du Michigan, qui écrivait en 1886 : « Le livre le plus utile et le plus profond qui ait été écrit sur l'éducation depuis l'*Émile* de J.-J. Rousseau, c'est certainement l'essai de M. Herbert Spencer. »

Dans l'ensemble énorme de l'œuvre scientifique à laquelle il a voué son existence et consacré un demi-siècle de travail, l'opuscule de M. Spencer sur l'éducation semble, au premier abord, ne devoir compter que pour peu de chose. Que sont ces deux cents pages où il établit sommairement

Education, en 1854, dans la *North British Review* ; le troisième et le quatrième, *Moral Education*, *Physical Education*, en 1858 et 1859, dans la *British Quarterly Review*. Comme composition, avoue l'auteur, ce n'est pas l'idéal ; mais « le tout forme un ensemble relativement acceptable ».

(1) C'est dire que nous ne saurions aucunement nous associer aux jugements opposés et également excessifs, dans leur faveur ou leur défaveur, qu'ont portés sur l'essai de M. Spencer deux philosophes français, **MM.** Bertrand et Thamin. Le premier, dans la *Préface* de sa traduction, dit qu'il est inutile de discuter en détail des théories « qu'on accepte presque sans aucune réserve ». Le second, que le livre de M. Spencer est « une inconséquence et une inutilité » (*Éducation et positivisme*, p. 106).

1.

les principes essentiels de l'éducation intellectuelle
et de la discipline morale, à côté des milliers et milliers de pages où le même écrivain nous a présenté
le système de l'univers, où il a expliqué et défini la
nature sous toutes ses formes, dans ses origines,
dans son évolution et sa croissance, sans négliger
de nous en prophétiser l'avenir et la dissolution
future ? C'est comme un îlot perdu dans l'immen-
sité d'un océan de pensées. Et je ne serais point
surpris que M. Spencer lui-même considérât
comme une quantité relativement négligeable cette
œuvre rapide de ses débuts, — presque une œuvre
de jeunesse, — ce petit livre qui paraît faire maigre
figure auprès des dix puissants volumes où le
positiviste anglais, laissant bien loin derrière lui
les six tomes du *Cours de philosophie positive*
d'Auguste Comte, a successivement formulé les
Premiers Principes, les *Principes de biologie*, les
Principes de psychologie, les *Principes de sociologie*, et enfin les *Principes de morale :* ayant ainsi
ouvert sur l'universalité des phénomènes la plus
prodigieuse enquête qui ait jamais été tentée et
accomplie par une intelligence humaine.

Et cependant, de tout ce qu'a pensé, de tout ce
qu'a écrit M. Spencer, c'est cette brève esquisse
d'une théorie d'éducation rationnelle qui a le plus
contribué à illustrer et à populariser son nom, du
moins à l'étranger. Le succès en a été retentissant
en tout pays : en France surtout, où diverses traductions ont eu une dizaine d'éditions; — la première a été publiée en 1878, au moment où allait
commencer la rénovation de nos institutions scolaires. — De tous les ouvrages de l'auteur, c'est

peut-être celui qui a le plus de chances de survivre : car les hypothèses philosophiques ont souvent des destinées éphémères, et, dans le naufrage des systèmes le plus laborieusement échafaudés par un philosophe, ce sont quelques grains de bon sens et de vérité familière, qu'il a négligemment jetés de sa main prodigue, qui parfois surnagent seuls, et que la postérité recueille religieusement comme une précieuse relique.

Ne laissons pas croire pourtant que la composition de l'*Éducation* n'ait été dans la vie scientifique de M. Spencer qu'un accident, le délassement passager de quelques heures de loisir. La preuve qu'il sentait l'importance capitale d'un tel sujet, c'est qu'il y est revenu très fréquemment dans le cours de ses publications.

N'est-il pas évident, d'ailleurs, qu'un psychologue, un sociologue, tel que M. Spencer, qui n'est pas un savant de pure spéculation, disposé à s'enfermer avec une indifférence égoïste dans sa tour d'ivoire, qui, tout au contraire, n'a si passionnément fouillé les secrets de la nature que pour en tirer des conséquences pratiques, qui n'a voulu connaître à fond l'humanité que pour contribuer à son bonheur, ne pouvait se désintéresser de la solution d'une question où est engagé en partie l'avenir des individus et des sociétés? La nature a beau lui apparaître comme le résultat des lois fatales de l'évolution, l'œuvre d'« une nécessité bienfaisante », comme il dit : il n'en a pas moins compris que l'éducation, c'est-à-dire l'effort humain, — effort double, puisqu'il suppose à la fois l'action du maître et celle de l'élève, — a une place à revendiquer dans le réseau serré du déterminisme des lois de la nature; que l'humanité, conduite dans la marche nécessaire de son développement par les volontés inconscientes de l'hérédité et de l'évolutions, a néanmoins le devoir, — ce qui suppose qu'elle en a le pouvoir, — de se gouverner elle-même, de s'instruire, afin de contribuer à l'ascension du progrès; qu'en un mot la nature ne saurait se passer tout à fait de l'aide des volontés humaines, mieux éclairées sur la fin à atteindre et sur les moyens à employer. De sorte que le livre de l'*Éducation* nous apparaît comme un hommage, volontaire ou involontaire, que le philosophe de l'évolution et de ses lois nécessaires a rendu, — au prix d'une contradiction peut-être, — à la puissance de la liberté humaine.

Ce n'est pas ici le lieu d'exposer, même succinctement, le *Système de philosophie synthétique*. Rien que pour le résumer, un disciple de M. Spencer, M. F. Howard Collins, a rédigé un volume de plus de six cents pages. Toute pédagogie sans doute implique une philosophie ; et nous aurons l'occasion, chemin faisant, d'indiquer en quoi les idées pédagogiques de M. Spencer se rattachent à ses conceptions générales, à la théorie de l'évolution telle qu'il l'a comprise, à sa morale et à sa sociologie. Remarquons cependant que l'essai sur l'*Éducation* date d'une époque où M. Spencer en était encore à tâtonner, à entrevoir seulement les grandes lignes de son système, dont l'élaboration n'a réellement commencé que vers 1854. Le premier volume de la *Philosophie synthétique* n'a paru que plusieurs années après, en 1866. Pour profiter des réflexions de M. Spencer sur l'influence éducatrice de la science, sur l'efficacité des leçons de choses, sur la discipline des réactions naturelles, il n'est donc nullement nécessaire de s'être familiarisé avec la terminologie technique, propre à son mode de philosopher. Il n'est question ici, ni de « différenciation », ni d' « intégration », de « ségrégation », ou d' « équilibration ». Rien ne rappelle, dans les pages lumineuses de l'*Éducation*, les formules compliquées, forcément obscures pour les profanes, qui servent de conclusion aux *Premiers principes ;* celle-ci, par exemple : « La vie est une combinaison définie de changements hétérogènes, à la fois simultanés et successifs, en correspondance avec des coexistences et des séquences externes » ; ou encore : « L'évolution est une intégration de matière, accompagnée de dissipation de mouvement, pendant laquelle la matière passe d'une homogénéité indéfinie, incohérente, à une homogénéité définie, cohérente, etc.» Lorsque, au commencement de sa longue carrière, M. Spencer s'est distrait un moment de ses recherches purement scientifiques pour faire, au point de vue des études scolaires, l'apothéose de la science, il a voulu être intelligible à tous ; et son livre, qui n'est pas un fragment de son système, qui, sur bien des points, en est complètement indépendant, se distingue par la clarté des idées, non moins que par la lucidité du style et l'aisance vigoureuse du raisonnement.

Mais s'il n'importe pas, — ce qui serait d'ailleurs impossible ici, — d'initier nos lecteurs au détail des spéculations de M. Spencer, il ne sera

pas inutile, avant d'entrer dans l'examen de son
œuvre pédagogique, de faire connaissance avec
l'ouvrier, avec l'homme, avec les tendances générales de son esprit. Ce sera le moyen de comprendre comment il a été amené à s'occuper de
la question de l'éducation, et sous quelle inspiration il l'a traitée.

Sa longue vie, tout entière consacrée à l'étude,
est courte à raconter. C'est la vie toute unie d'un
savant qui n'a jamais fait autre chose que travailler et penser. Il ne s'est laissé détourner de
ce qu'il considérait comme sa mission dans le
monde par aucun souci étranger, par aucune
occupation d'à côté. Il n'a même pas consenti à
accepter des honneurs académiques, et il a, par
exemple, refusé le titre de correspondant de
l'Institut de France, que lui offrait, il y a quelques
années, l'Académie des Sciences morales et politiques. Les seuls événements, ou à peu près, qui
marquent les années monotones d'une vie féconde
en travaux, c'est la publication successive des
divers ouvrages qui composent le monument élevé
par M. Spencer à la science et à la philosophie.
Ce sont aussi, malheureusement, les crises mala-
dives, qui plusieurs fois ont ralenti ou interrompu
tout à fait l'effort de sa pensée, en paralysant
son cerveau excédé de fatigue. Dès 1855, jeune
encore, — puisqu'il est né en 1820, — il ressentait
les premières atteintes du mal, et, après un repos
absolu de dix-huit mois, il ne pouvait travailler que
trois heures par jour. Il a connu des heures de décou-
ragement; il a subi des traverses, alors que, comme
il l'avoue, il publiait des livres qui « ne faisaient

pas leurs frais », et qu'il récoltait « plus de gloire que d'argent ».

Combien de fois, surtout de 1886 à 1890, dans une pénible période d'épuisement nerveux et d'affaissement complet, n'a-t-il pas désespéré de pouvoir terminer l'œuvre colossale qu'il n'a achevée qu'en 1896!... C'est un cri de satisfaction qui lui échappe, lorsque, à cette date, « invalide de soixante-seize ans », il publie son dernier volume : «Le principal sentiment que j'éprouve, dit-il, c'est celui d'être affranchi, libéré de ma tâche... » Lui, qui a si souvent protesté avec éloquence contre les accablements du surmenage cérébral, en a été la première victime. Comme plus d'un homme de génie, il est la preuve que la débilité physique n'est pas toujours un obstacle à la vigueur de l'esprit. N'en est-il pas de même de son illustre compatriote Charles Darwin, l'auteur de l'*Origine des espèces*, puisqu'au témoignage de son fils « un des principaux traits de son existence fut que, pendant quarante ans, Darwin n'eut jamais un seul jour de santé, comme les autres hommes »? De M. Spencer, comme de Darwin, on peut dire que la vie de ces grands travailleurs « a été un long combat contre la fatigue et la maladie ».

M. Spencer n'est pas de ceux qui étalent leur moi. Comme le sage, il a caché sa vie, tandis que Rousseau a publié la sienne, dans les détails les plus intimes et les moins avouables. Nous savons peu de chose de sa jeunesse. Il n'a pas, comme Stuart Mill, raconté les incidents de son éducation première et de la formation de son esprit. Il nous en apprend assez cependant, pour qu'on puisse découvrir dans les mouvements de son jeune esprit le germe de sa vocation future, de son inclination passionnée pour la recherche scientifique, de sa prédilection pour l'étude des questions morales et sociales. Dans sa famille même, l'excitation ne lui a pas manqué. Un de ses oncles, le Révérend Thomas Spencer, pasteur de son état, semble avoir été un homme d'initiative, un philanthrope, un ami des pauvres, préoccupé du bien-être de ses concitoyens, puisque, dans le village où il exerça pendant vingt ans son ministère, il avait fondé une école, une bibliothèque populaire, et une société d'habillement. Rien ne se perd dans le monde, et les exemples des ascendants suscitent les idées et les actes des descendants. D'un autre côté, il n'est pas douteux que M. Spencer a hérité de son père le goût de l'observation et l'amour des sciences de la nature. Celui-ci, en effet, modeste professeur dans la petite ville de Derby, était dès 1814, six ans avant la naissance de son fils, secrétaire d'une société d'amis de la science organisée par Érasme Darwin, le grand-père du naturaliste. Il s'occupait surtout d'entomologie, et le jeune Herbert, tout enfant, docile aux directions paternelles, faisait déjà dans les champs d'alentour de petites collections d'insectes, de même que plus tard, fouillant les coins et recoins de l'univers, il collectionnera une masse infinie de faits, d'expériences et de documents. « Quiconque, a-t-il écrit, n'a pas dans sa jeunesse collectionné des insectes et des plantes, ne connaît pas ce qu'il y a de lumineuse poésie dans les prairies, dans les haies des chemins... »

Il est à noter que, dans son premier essor, la pensée de M. Spencer s'est portée sur les questions de morale et de politique, et qu'elle ne s'en est jamais détachée. En effet, s'il a débuté, en 1842, par un mémoire intitulé : *The proper Sphere of Government,* où il affirmait déjà l'idée du progrès, s'il a publié, en 1850, sa *Statistique sociale,* ce sont les *Principes de morale* qu'il a donnés comme conclusion et comme couronnement à son système (1). Il attache une importance particulière à cette partie de ses spéculations : « C'est un besoin pressant, dit-il, que d'établir sur des principes scientifiques les règles de la conduite droite. »

M. Spencer était donc trop foncièrement un moraliste pour pouvoir négliger de devenir un éducateur. D'ailleurs, dans l'ardeur acharnée de son effort encyclopédique, il n'y a point de sujet auquel il n'ait touché. Rien qu'à lire les trois volumes de ses *Essais politiques et scientifiques* (2), où l'on passe d'un article sur la « Constitution du soleil », ou sur l' « Hypothèse de la nébuleuse », à des dissertations tout aussi étudiées sur la « Philosophie du style », les « Origines de la musique », ou encore les « Mœurs et procédés des administrations de chemins de fer », on reconnait

____

(1) Les dernières parties des *Principes de morale* ont paru en 1892 et 1896. Mais, dès 1879, « appréhendant que sa mauvaise santé ne l'empêchât absolument de traiter le sujet de la morale », M. Spencer avait publié la première partie du traité sous ce titre : *Les bases de la morale évolutionniste ;* intervertissant ainsi l'ordre projeté de ses publications, puisque la seconde et la troisième partie des *Principes de sociologie* qui logiquement devaient précéder la morale n'ont vu le jour qu'après 1880.

(2) Les *Essais* ont été traduits en français par A. Burdeau, en 1879.

qu'aucun sujet ne lui est étranger : celui de l'éducation ne pouvait lui rester indifférent.

Ce qui caractérise, en effet, le mode de penser de M. Spencer, c'est tout d'abord une extraordinaire étendue d'informations de toute espèce. Prenez, à la fin d'un des volumes de la *Philosophie synthétique*, la liste de ce qu'il appelle ses « références », le catalogue des auteurs qu'il invoque pour justifier le contenu de chacun de ses ouvrages : et vous vous rendrez compte de la variété sans bornes de ses lectures. Que ne connaît-il pas ? De quoi n'est-il pas informé ? Il cite Aristote, il discute Kant ; mais il n'est pas moins bien renseigné sur les mœurs et les superstitions des indigènes de l'Océanie. Ingénieur civil, au début de sa vie, attaché à une compagnie de chemins de fer, la vitalité de son intelligence chercheuse l'arracha vite à ces obscures fonctions ; et cette intelligence ardente, il l'a enrichie de tous les trésors de la science moderne. Il a étudié les croyances morales et religieuses de l'humanité, aussi bien que les lois physiques de la gravitation. Il a observé les coutumes et les costumes des différents peuples, avec le même soin que les mouvements des étoiles. Il connaît les Esquimaux et les Papous, non moins que les Grecs et les Romains. Il sait ce qui se passe chez les Fidjiens ; mais il n'ignore point comment on nourrit les enfants à Paris et dans les environs de Paris, et il pourrait fournir des renseignements à notre poète dramatique, M. Brieux, l'auteur des *Remplaçantes...* Les Anglais, grâce à leur puissance coloniale et à leurs relations commerciales avec toutes les parties du monde, se trouvent dans une situation privilégiée pour étudier les hommes. Partout où va l'influence politique de l'Angleterre, partout où s'étend son expansion industrielle, pénètre à sa suite l'observation de ses philosophes. Et c'est ainsi que M. Spencer a pu satisfaire l'avidité de sa curiosité, et que, pour préparer ses théories psychologiques et morales, il a demandé des matériaux à toutes les nations civilisées, aux peuplades sauvages de l'univers entier.

On peut objecter, il est vrai, que M. Spencer a ramassé, de toutes mains, les observations des autres, plutôt qu'il n'a observé lui-même. C'est ce qu'insinuait doucement Darwin, malgré la vive admiration qu'il professait pour lui, lorsqu'il écrivait en 1866 : « Si M. Spencer faisait plus d'observations, même au risque d'y perdre, — en vertu de la loi de balancement et de compensation, — un peu de sa force de pensée, il serait un homme merveilleux... »

C'est précisément cette « force de pensée », cette puissance de construction, qui est le second trait distinctif de M. Spencer. Ce collectionneur de faits est aussi un raisonneur, un inductif. C'est la tendance à la généralisation, c'est le génie de la synthèse, qui l'anime et le domine. Aucun penseur ne le dépasse pour l'enchaînement et la coordination des idées, pour la fougue logique et systématique. Par là, il est bien l'Auguste Comte de l'Angleterre, bien qu'il n'ait jamais voulu s'avouer le disciple du chef du positivisme français, et que, défendant âprement ses droits incontestables à l'originalité, il ait mis en relief ses dissentiments, dans la brochure qui a pour titre : *Reasons of dissenting from M. Comte*. Par là aussi, il a mérité qu'on l'appelât « un Spinoza positiviste » : un positiviste, il ne s'en défend pas ; et un Spinoza, il l'est en un sens, puisque, par des inductions presque aussi rigoureuses que le sont les démonstrations géométriques de l'auteur de l'*Éthique*, il a essayé à son tour de construire le système du monde.

Que M. Spencer, avec ces hardiesses de pensée, ait rencontré dans son pays des critiques, des opposants, — surtout des indifférents, — cela n'est point fait pour surprendre. L'esprit anglais, à la différence de l'esprit germanique, est plutôt timide, en fait de conceptions spéculatives ; aux hypothèses aventureuses il préfère les observations précises, les inductions prudentes et modérées. Les admirations n'ont pourtant pas manqué à M. Spencer, et elles lui sont venues des plus grands de ses contemporains. Darwin ne lui a point ménagé les témoignages de sa sympathie. Une affinité élective, d'ailleurs, ne pouvait qu'unir le naturaliste, qui a édifié sur l'observation des variations des espèces la théorie de la sélection naturelle et de l'évolution des êtres, et le philosophe, qui, dans ses généralisations audacieuses, a prétendu expliquer, interpréter toutes choses « dans l'ordre de l'évolution ». Lorsque, en 1859, Darwin publia l'*Origine des espèces*, il n'aurait su trouver un lecteur mieux préparé à le comprendre et à l'approuver que ne l'était M. Spencer. Plusieurs fois, il lui a écrit pour le féliciter de ses « admirables » travaux. Dès 1852, les deux évolutionnistes s'étaient liés, comme chez nous Renan et M. Berthelot, d'une amitié scientifique qui n'a jamais été altérée. « Je présume, disait, en 1870, Darwin, que plus tard on considérera M. Spencer comme étant de beaucoup le plus grand philosophe de l'Angleterre au siècle présent, si même on ne l'égale pas aux plus grands philosophes des siècles passés. » Un hommage qui n'est pas à dédaigner non plus, c'est celui que lui rend Stuart Mill, dans son livre sur Auguste Comte : « M. Spencer est un des plus vigoureux penseurs qu'ait encore produits la philosophie anglaise, un homme plein d'un véritable esprit scientifique... »

C'est de ce « véritable esprit scientifique » que nous allons retrouver l'inspiration dans le plan d'éducation esquissé par M. Spencer. Mais, à tous ses autres dons l'auteur joint des qualités supérieures de style, qui n'ont assurément pas nui au succès de l'ouvrage. Si le cours d'études qu'il va nous proposer, dans son exclusivisme scientifique, est de nature à compromettre, chez ceux qui l'adopteraient, l'acquisition des qualités littéraires, il s'en faut que M. Spencer les dédaigne pour lui-même. Jamais philosophe, exposant des idées abstraites, n'a poussé plus loin l'art de la clarté, l'aisance et l'ampleur du développement. Des rapprochements ingénieux, des images et des comparaisons brillantes viennent égayer un fonds grave de réflexions solides. Le poids de l'érudition du savant n'étouffe pas la verve humoristique du causeur. Il aime les exposés familiers qui rompent la monotonie de la dissertation. Il nous raconte ce que dit l'ouvrier, « qui pérore en fumant sa pipe ». Il écoute les propos de table que tiennent les fermiers, au cabaret du village, après le prêche du dimanche. Et cependant une méthode attentive préside à la marche de ces idées vivantes et variées. On dirait que l'auteur abandonne sa pensée à son élan et à sa fantaisie. Non, il la surveille, il la maîtrise. A la fin de chacun de ses développements, il a soin de les résumer et d'en condenser l'essence dans quelques formules simples et fortes. S'il se répète parfois, c'est pour trouver vingt manières différentes, et toujours intéressantes, de frapper l'imagination de ses lecteurs. Bref, dans ses allures vives et spirituelles, avec ce qu'on a appelé « sa rude bonne humeur », le livre de l'*Éducation* n'a rien de la lourdeur d'un traité didactique, et il offre le charme d'une causerie agréable. M. Spencer est un de ces écrivains heureux qui, après avoir préparé pendant des années, avec une patience de bénédictin, d'énormes compilations savantes, peuvent d'une plume alerte, et comme en se jouant, composer d'étincelants articles de revue.

II

Pour se rendre compte tout de suite des intentions de M. Spencer en matière d'éducation, il suffit de citer le passage où il se sert du conte de Cendrillon pour annoncer la défaite prochaine des études littéraires et le triomphe définitif de la science. « En paraphrasant une vieille fable venue d'Orient, on pourrait dire que, dans la famille des connaissances humaines, la Science est le souffre-douleur de la maison, — la Cendrillon du foyer, — qui, dans l'obscurité de sa vie, cache des perfections méconnues. C'est à elle qu'incombe tout le travail ; c'est à son adresse, à son intelligence, à son dévouement que l'on est redevable de tous les agréments, de toutes les commodités de l'existence ; et pendant qu'elle ne cesse de servir les autres, elle est pourtant négligée, tenue à l'écart, afin qu'il soit loisible à ses sœurs hautaines d'étaler leurs toilettes dans le monde. Mais le parallèle va plus loin. Nous approchons du dénouement : et alors les situations vont changer. Et pendant que les sœurs hautaines tomberont dans un abandon mérité, la Science, proclamée à la fois la plus précieuse et la plus belle, régnera en souveraine... » On ne saurait être plus clair : effacement et déclin des lettres, auxquelles on semble refuser même le mérite de contribuer pour leur part aux agréments de la vie ; souveraineté triomphante de la science, qui doit désormais gouverner l'école, comme elle gouverne le monde. Dans la vieille querelle des anciens et des modernes, de l'humanisme et du réalisme, M. Spencer a pris catégoriquement parti. Entre les prétentions rivales des spécialistes, qui renouvellent sans cesse la scène du *Bourgeois gentilhomme*, et qui, comme le maître de philosophie et le maître à danser, réclamant chacun la primauté pour leur art, se disputent la direction des études, il n'hésite pas un instant ; et à cette question primordiale : « Quelle est la connaissance qui a le plus de prix ? » il répond : « C'est la science, l'ensemble de la science, toutes les sciences (1). »

Le débat n'est point nouveau. Il s'est ouvert plusieurs fois avec éclat, non sans contradictions passionnées ; et, en dépit des conclusions tranchantes de M. Spencer, on peut dire que la question n'est pas encore résolue. En tout cas, elle ne l'était pas en France, en 1837, lors de la mémorable discussion où Lamartine, avec l'attrait de son éloquence, défendait la cause des lettres classiques, revendiquant pour elles l'honneur d'être le véhicule des idées morales, une portion intangible du patrimoine de la civilisation : — « Sans les lettres, disait-il, c'est l'humanité qui périrait » ; — tandis qu'Arago, avec l'autorité de son savoir, proclamait la supériorité des études scientifiques. Elle ne l'était pas non plus en Angleterre, en 1836, lorsque le philosophe Hamilton, répliquant au Révérend Whewell, qui voulait fonder l'éducation sur les

______

(1) Sur cette question des *Educational values*, voyez le chapitre VI du livre de M. Bain, *La Science de l'éducation.*

mathématiques, comme on le faisait à l'Université de Cambridge, relevait le gant en faveur des études littéraires, et démontrait avec force que, réduite aux sciences abstraites, l'éducation serait étroite et bornée ; que la géométrie, selon le mot de Voltaire, « ne redresse que les esprits droits ». Il ne s'agissait d'ailleurs, dans cette controverse toute spéciale, que des seules sciences mathématiques, tandis qu'avec M. Spencer le débat élargi se pose, dans toute son ampleur, entre l'universalité des sciences et les humanités classiques. Elle ne l'était pas encore, en 1866, quand Stuart Mill, dans un discours célèbre prononcé devant l'Université de Saint-André, se refusait à sacrifier l'un à l'autre deux éléments également indispensables de l'éducation humaine, et s'écriait avec une vivacité familière : « Demander si c'est aux langues ou aux sciences qu'il faut faire appel pour organiser l'éducation générale, cela équivaut à rechercher si les peintres doivent être dessinateurs ou coloristes, si un tailleur doit faire des habits ou des pantalons : pourquoi pas les deux ? répondrai-je. » Et il ne semble pas que la question soit définitivement réglée, même aujourd'hui. Au cours de la grande enquête récemment instituée par le Parlement français, si des voix, même d'humanistes, se sont élevées pour annoncer que les lettres classiques étaient condamnées à disparaître tôt ou tard, d'autres témoins, et non des moindres, parmi les maîtres de l'éducation française, sans se refuser à faire droit aux exigences légitimes et croissantes de l'instruction scientifique, ont persisté à réclamer pour les lettres le premier, sinon l'unique rôle dans la culture des esprits.

Nombreux sont néanmoins, et depuis longtemps, ceux qui arborent le drapeau de l'éducation scientifique. M. Spencer a des ancêtres : Rabelais, Condorcet, et bien d'autres ; Diderot surtout, qui, avant Auguste Comte, a essayé de classer les sciences dans un ordre hiérarchique, à proportion qu'elles sont plus utiles, plus appropriées à des besoins universels, et qui reléguait dédaigneusement les lettres dans les dernières années de son plan d'études. Des poètes eux-mêmes ont protesté contre l'abus des études littéraires ; et Milton gémissait déjà, il y a trois cents ans, sur le sort des écoliers qu'une éducation mal comprise oblige, disait-il, « à coller leur visage sur les platitudes des grammaires ». Mais, plus l'humanité marche en avant, et plus grandit l'ambition de l'instruction scientifique. En France, M. Berthelot insiste sur « la nécessité d'habituer de bonne heure les enfants aux conceptions et aux méthodes scientifiques », l'enseignement classique « devant de plus en plus être réservé à une minorité ». Renan lui-même déclare que « les recherches de la science ne doivent pas être abandonnées aux seuls amateurs, aux seuls curieux » (1). En Angleterre, Lubbock, pour ne citer que lui, affirme que l'éducation scientifique est « une nécessité nationale ». Darwin, enfin, est d'accord avec M. Spencer sur la réforme de l'éducation, comme il l'est sur l'origine des espèces. En 1852, préoccupé de l'instruction de ses sept enfants, et alors qu'il se résignait à envoyer au collège de Rugby l'aîné de ses fils, il

---

(1) *Les Services que la science rend au peuple*, conférence faite en 1869 et publiée dans la *Grande Revue*, juin 1901.

écrivait : « Nul ne peut mépriser plus sincèrement que moi la stupide éducation stéréotypée d'autrefois ; et néanmoins je n'ai pas le courage de casser les vitres... » M. Spencer les cassera plus d'une fois. Mais, surtout, il tentera ce que personne n'avait fait avant lui : une démonstration méthodique et complète de l'utilité, de l'importance capitale de la science, considérée comme le principe essentiel de la destination de l'homme et par conséquent comme l'organe de son éducation.

La destination de l'homme, c'est le bonheur. Non sans doute le bonheur tel que l'imagine parfois un égoïsme malavisé ou un utilitarisme étroit : mais le bonheur dans le sens le plus noble du mot, celui qui comprend le bonheur des autres, non moins que le bien-être personnel ; celui qui suppose la satisfaction des sentiments altruistes autant que des inclinations égoïstes. Le bonheur, c'est la vie aussi complète que possible, développée dans toutes ses activités essentielles. C'est la perfection relative permise à la nature humaine, tant qu'elle n'est pas arrivée au terme de son évolution : car un jour viendra où l'humanité sera absolument parfaite. La perfection est de ce monde : mais elle ne sera atteinte que par un long enfantement, tout au bout du travail prolongé des siècles. « Pourvu que l'humanité ne périsse pas, et que la constitution des choses reste la même, les modifications que l'humanité a subies et celles qu'elle subira encore doivent aboutir à la perfection. Il est certain que ce que nous appelons le mal et l'immoralité finira par disparaître. Il est certain que l'homme doit devenir parfait!... Tandis que les philosophes d'autrefois voyaient l'âge d'or dans le passé, la perfection étant à leurs yeux le don immédiat du Créateur à sa créature, M. Spencer le salue de loin dans l'avenir, comme l'œuvre de l'effort séculaire de la nature, comme le résultat des progrès incessants d'une humanité perfectionnée d'âge en âge, qui sur le tronc de ses instincts primitifs aura peu à peu greffé la végétation de sentiments nouveaux, et qui enfin, grâce aux hérédités accumulées, aura insensiblement consolidé et accru le patrimoine de ses vertus naturelles. L'homme idéal de Rousseau, c'était l'être primitif imaginaire, formé d'emblée par la Providence. L'homme « définitif » de M. Spencer, ce sera le laborieux produit de l'hérédité et de l'évolution. Ce n'est point Pallas Athéné, sortant toute armée du cerveau de Jupiter. C'est le rejeton d'une race qui, dans un épanouissement suprême, a atteint le terme de son développement. C'est l'être lentement élaboré par les générations qui se suivent, l'être en qui se résumeront toutes les qualités successivement acquises, et qui sera parvenu, par des adaptations progressives, à vivre dans la société, « comme le poisson vit dans l'eau et l'oiseau dans l'air ». Alors l'homme sera devenu, sinon un Dieu, du moins un animal parfait, que dirigera en toutes choses un instinct excellent et infaillible. Les sentiments altruistes, transmis par l'hérédité, exerceront sur sa conduite une action toute-puissante. Il accomplira les actions morales avec aisance, sans difficulté, comme l'oiseau fait son nid, comme l'araignée tisse sa toile. Plus d'effort. Plus de lutte entre le bien et le mal. Rien que l'obéissance douce et aisée aux habitudes contractées par les ascendants et transformées chez les descendants en instincts irrésistibles.

Mais nous sommes loin de ce paradis terrestre, qui n'est encore qu'un rêve. Nous traversons seulement une des étapes par où l'humanité s'y achemine. Et en attendant que l'évolution et l'hérédité aient accompli leur œuvre, il faut songer à l'homme du présent, si mal adapté encore aux conditions de l'existence. Il faut le préparer, dans la mesure du possible, à la vie complète, qui est la fin de la destinée humaine. Nous sommes encore dans la période de l'effort. Et par suite la nécessité de l'éducation apparaît, quelque limitée et amoindrie qu'elle puisse être dans ses efforts par les lois fatales qui commandent à la marche en avant de l'humanité. L'éducation, d'ailleurs, ne profite pas seulement à celui qui la reçoit : elle contribue à former d'avance le caractère de ceux auxquels l'homme qu'elle a élevé transmettra la vie. Plus les générations présentes auront conformé leurs actes aux lois de l'éducation, plus seront fécondes les sources de vie qu'elles légueront aux générations suivantes. Et l'on voit combien, à ce point de vue, s'élève encore et s'ennoblit la mission de l'éducation, puisqu'elle n'est plus seulement une affaire personnelle, l'intérêt de l'individu, puisqu'elle est l'intérêt de l'humanité tout entière, dont le progrès sera accéléré ou ralenti, selon que, dans chaque période, les éducateurs auront bien ou mal accompli leur tâche.

Que sera donc cette éducation, qu'on pourrait définir : une préparation individuelle et provisoire à la vie complète et définitive de l'humanité? Pour le savoir, il faut d'abord se rendre compte des éléments d'une vie complète, énumérer et classer les diverses formes d'activité qui la constituent. Cela fait, on connaîtra la véritable destinée de l'homme, et par suite on sera en possession d'un criterium, d'une règle d'appréciation, qui permette de faire enfin un choix raisonné entre les différents objets d'étude, et d'établir la valeur relative des diverses connaissances : car une connaissance vaudra à proportion qu'elle conviendra plus ou moins pour favoriser l'exercice de ces activités essentielles, qui concourent à la fois au bonheur individuel et au bonheur social.

Rien de plus net que le tableau des multiples fonctions de la vie, tel que l'a dressé M. Spencer. S'il les répartit dans des catégories distinctes, il n'oublie pas, d'ailleurs, de nous avertir qu'elles sont étroitement liées, solidaires les unes des autres, qu'elles forment un tout, un bloc, dont aucun élément ne saurait être impunément négligé et omis.

L'homme est d'abord appelé à vivre de la vie physique. S'il ne sait pas garantir sa santé et sa force, il sera impropre à toute autre activité. Il convient donc de placer au premier rang, dans la classification des diverses fonctions humaines, les actes qui tendent directement à assurer la conservation personnelle.

Mais il ne suffit pas d'être sain et bien portant, il faut aussi se mettre en état de gagner son pain quotidien, et même davantage : de là une seconde les cas d'opérations qui visent la production et l'acquisition des biens matériels, de toutes les choses nécessaires à la vie, et qui concourent encore, mais indirectement, à la sécurité, à la conservation personnelle.

La vie et le bien-être de l'individu une fois assurés, l'horizon s'élargit. L'homme doit employer ses forces au service de sa famille. Une troisième catégorie d'efforts comprend ceux qui ont pour objet de nourrir et d'élever les enfants.

Au chef de famille succède le citoyen. Une nouvelle série d'actions apparaît, qui sont d'ailleurs subordonnées aux précédentes; car la prospérité de la famille est le fondement de la prospérité de la cité.

Enfin l'existence humaine s'achève et se couronne dans l'exercice des activités que d'un seul mot on pourrait appeler « esthétiques », et qui, mettant à profit les heures de loisir, satisfont les sentiments et les goûts par les jouissances désintéressées de la littérature et de l'art.

On voit, dès à présent, ce que sera une éducation calquée sur cette conception de la vie : une éducation positive et pratique, une éducation faite pour un peuple d'industriels et d'hommes d'affaires, où la culture désintéressée des facultés humaines n'est admise qu'à titre de complément; où, enfin, l'instruction littéraire et artistique, reléguée au dernier plan et conditionnée d'ailleurs à la possibilité du loisir, est bien près de ressembler à un accessoire. C'est que, dans la classification proposée par M. Spencer, il y a une lacune, une omission grave. On a reproché à certains éducateurs, à Rousseau notamment, d'abuser de l' « homme en soi », de sacrifier l'utile à l'idéal, de négliger l'adaptation à la vie réelle pour la culture générale des facultés. C'est le reproche contraire que mérite M. Spencer. Il se préoccupe de l'ouvrier, de l'industriel, du chef de famille, du citoyen : mais il oublie tout simplement la personnalité humaine. Les activités intérieures, celles qui font l'homme, qui développent ses qualités intellectuelles et morales, sa conscience et son intelligence, sa sensibilité et sa volonté, il semble qu'il n'en ait point souci. Son élève sera bourré de connaissances appropriées aux besoins d'une vie utilitaire ; mais les obligations de la vie morale, on ne voit pas qu'il y ait été préparé. Il vivra plus longtemps que les autres hommes. Il réussira mieux dans ses affaires. Mais où aura-t-il appris à être un homme bon, sensible, avisé dans ses jugements, énergique dans ses volontés, un homme enfin ? Ce serait trop dire peut-être qu'il ne sera qu'une machine adaptée, soit aux nécessités de la vie matérielle et égoïste, soit aux exigences familiales et sociales. Mais il est certain qu'il n'a pas été élevé pour lui-même, que rien n'a été fait pour assurer son développement et son perfectionnement personnel.

Dans le catalogue des activités humaines, nous demanderions donc à M. Spencer d'intercaler, au second rang, immédiatement après celles qui visent le soin du corps, celles qui concernent les facultés morales, qui créent la personnalité dans sa force et sa dignité ; celles où tout homme, même le plus humble et le plus pauvre, exerce et forme sa conscience, son cœur et son caractère. Et si l'on accepte cette correction, tout le plan de la vie, et celui de l'éducation, par suite, se trouvera changé : car alors les études littéraires ne se contenteront plus du rôle humilié que leur concède M. Spencer, à titre de récréation et de délassement, de contribution supplémentaire au bien-être de l'individu : elles demanderont à conserver une place à côté des sciences, comme instruments de l'éducation générale.

Cette réserve faite, — mais elle est capitale, et elle apparaîtra dans toute sa force, à mesure que nous entrerons dans le détail, — tout est à louer dans cette partie de la démonstration de M. Spencer, où il établit péremptoirement la nécessité de l'instruction scientifique pour éclairer et guider celles des activités humaines qu'il a bien voulu admettre dans son programme. Dans cet exposé lumineux, tout serait à recopier et à citer.

D'abord, en ce qui concerne la conservation personnelle, on n'a pas de peine à montrer à quels dangers l'homme s'expose, s'il ne connaît pas les lois de la vie, s'il n'a pas étudié la physiologie. Dans cette partie de l'éducation, du reste, c'est la « Nature » qui se charge elle-même du rôle principal. Comme la santé est de toutes choses la plus importante, étant la condition de tout le reste, la « Nature » n'a pas voulu en abandonner le sort à notre ignorance ou à notre étourderie : elle a pris dans ses mains souveraines et infaillibles le soin d'y pourvoir. Les sensations qu'elle nous a ménagées, le besoin de se nourrir, l'appétit qui guide déjà le nourrisson, les impressions de chaud et de froid, la fatigue cérébrale, nous avertissent de nos besoins, ou bien nous découvrent de quels périls nous sommes menacés. Ce sont des conseillers impérieux dont nous sommes bien obligés de suivre les avis. En un mot, et, comme le dit M. Spencer, « pour parler téléologiquement, la Nature nous a donné dans nos sens des sentinelles vigilantes qui montent la garde autour de notre corps et de notre santé ». C'est la première fois, — ce n'est pas la dernière, — que nous voyons le philosophe de l'évolution faire appel à la « Nature », comme à une sorte de Providence, qui veille sur les intérêts de l'humanité. Il n'y aurait donc qu'à laisser faire la nature, à profiter de ses indications en les respectant : et c'est ce que voulait déjà Rousseau.

Mais aux inspirations instinctives de la nature il faut pourtant joindre les directions de la science ; et en cela M. Spencer complète Rousseau, tout en le continuant. Combien d'êtres humains sont condamnés à des maladies chroniques ou aiguës, à une débilité générale, à la décrepitude ou à une mort prématurée, faute d'avoir connu les règles de l'hygiène et les lois de la physiologie ! « Nos péchés physiques », comme les appelle M. Spencer, font de la vie, au lieu du bienfait et du plaisir prolongé qu'elle pourrait être, un long déboire, un fardeau et un supplice.

Nous n'y contredirons pas : mais l'objection indiquée tout à l'heure nous trouble et nous arrête. Assurément, pour nous guider dans le soin de notre santé, la science est nécessaire ; mais est-elle suffisante ? Savoir, est-ce pouvoir ? Est-ce surtout vouloir ? L'hygiène nous aura appris de quels

maux physiques une action imprudente peut être la
source : cela suffira-t-il pour que nous ayons, soit
la volonté, soit la force, d'éviter cette action, si elle
est agréable ? Pour que nous résistions à l'attrait
d'un plaisir dont nous avons pourtant mesuré les
suites pernicieuses, n'est-il pas indispensable d'être
armé d'autre chose que de la connaissance scientifique, d'être pénétré tout au moins du sentiment
de la dignité humaine ? M. Spencer ne reconnaît-il
pas lui-même, dans son chapitre sur l'éducation
morale, — par une contradiction qui a déjà été
relevée (1), — que la science n'est pas la conscience ? Surtout, elle n'est pas la volonté.

Nécessaire pour aider la nature dans l'œuvre de
la conservation personnelle, la science ne l'est pas
moins pour assurer le succès de toute entreprise
professionnelle, et pour donner à chacun les moyens
de gagner sa vie. Ici, il est à peine inutile d'insister, et M. Spencer triomphe aisément. Qui donc
ne lui accordera pas sans discussion que l'instruction technique est indispensable ; que les connaissances physiques, biologiques et autres, rendent
seules possibles la production et la distribution
des richesses, c'est-à-dire les opérations industrielles et commerciales ; que le producteur, comme
le négociant, a besoin des mathématiques ; que
l'arpenteur, l'architecte, le maçon ne peuvent se
passer de la géométrie, ni le constructeur de la
mécanique, ni l'agriculteur de la chimie ; que même
« il n'y a presque pas d'industrie qui ne relève
aujourd'hui de la science chimique » ?... Comme

_____

(1) M. Bertrand, *L'Enseignement intégral*, p. 198.

le disait Arago, en 1836, ce n'est pas avec de beaux discours qu' « on fait le sucre de betterave », ni « avec des alexandrins qu'on extrait la soude du sel marin ». Le panégyrique de la science, dans les services qu'elle rend aux intérêts matériels, ne saurait rencontrer d'incrédule, ni d'opposant. Tout le monde reconnaît qu'elle a transformé le monde, par les inventions, par les applications innombrables dont elle est l'inspiratrice ; qu' « elle a su procurer aux paysans de nos jours un bien-être inconnu aux rois d'autrefois » ; qu'il faut, par conséquent, répandre à flots, en l'adaptant aux diverses professions, cette éducation scientifique, dont toutes les nations industrielles, l'Allemagne surtout, ont compris l'importance. Mais est-il vrai pourtant qu'elle réponde à tous les besoins de l'humanité ? Dans la diversité des éducations positives et pratiques que M. Spencer recommande avec un enthousiasme justifié, n'y a-t-il pas une chose oubliée : l'éducation elle-même ? La science a analysé les forces physiques, et elle les a mises au service de l'homme. Mais si, à l'aide des forces physiques, elle est parvenue, par exemple, à animer, à lancer dans l'espace des machines à vapeur, des machines électriques, qu'elle a elle aussi fabriquées, est-il certain, est-il prouvé qu'elle soit capable encore de produire et de développer les forces morales, sans lesquelles l'humanité resterait comme dégradée et inférieure à sa destinée, même regorgeant de richesses matérielles et comme plongée dans un Océan de machines ?

D'un autre côté, M. Spencer s'inquiète-t-il assez

de la question de savoir si l'instruction scientifique est appropriée à tous les âges, si elle est vraiment à la portée des enfants? Il y a des sciences difficiles ; dans toutes, il y a des parties obscures. L'esprit de l'enfant sera-t-il en état de les comprendre, surtout si, comme dans le plan de M. Spencer, il n'y a pas été préparé par une culture générale ? Combien était mieux inspiré Stuart Mill, lorsqu'il écrivait, dans le discours que nous avons déjà cité : « Les connaissances spéciales ne sont recherchées que par un certain nombre de jeunes gens, et elles ne doivent l'être qu'après qu'ils ont terminé leur éducation proprement dite ? L'usage bon ou mauvais qu'ils feront de ces connaissances dépendra surtout de leur nature d'esprit : or l'esprit, c'est une éducation générale qui seule peut le former. Avant d'être avocats, médecins, commerçants ou manufacturiers, les hommes sont hommes... » Ici, c'est Stuart Mill qui est d'accord avec Rousseau.

En acquérant les connaissances professionnelles qui lui permettront de réussir dans ses affaires, l'homme ne travaille pas seulement pour lui-même : il assure le bien-être de sa famille. Mais le souci de la famille exige autre chose encore : que le futur père, que la future mère aient été initiés à l'art d'élever les enfants. Or, dans l'éducation actuelle, rien n'est prévu pour faire des parents les premiers éducateurs de leurs fils et de leurs filles. Avec ce tour humoristique qui lui est familier, M. Spencer le fait remarquer : « Si, par un hasard étrange, dit-il, un jour venait où il ne resterait de toute notre civilisation d'autres vestiges qu'un tas de livres de classes ou un paquet de devoirs d'élè-

ves, nous pouvons imaginer quelle serait la sur-
prise d'un antiquaire de ces âges futurs, en consta-
tant que, dans ces documents, il ne se trouve rien
qui indique que les écoliers aient été préparés à
leur rôle de pères de famille. Il faut évidemment,
dirait-il, que ce soit là un cours d'études, un *curriculum*, destiné à des célibataires. J'y vois la
preuve d'une instruction minutieuse pour une foule
d'objets, particulièrement pour l'étude des livres de
langue morte, ou de langue étrangère (ce qui d'ailleurs, laisse à supposer que ce peuple n'avait guère
dans sa propre langue de livres dignes d'être lus) ;
mais je ne découvre rien qui se rapporte à l'art
d'élever les enfants. Il n'est cependant pas possible que ce peuple ait été assez fou pour négliger la
plus grave de toutes les responsabilités humaines...
Évidemment, je n'ai là qu'un plan d'études rédigé
pour un ordre monastique... »

Ce ne sera pas la faute de M. Spencer si les
choses ne changent pas dans l'avenir. Il n'y a pas
de question qui lui tienne plus à cœur que celle-
là. Il est monstrueux, dit-il, que le sort des jeunes
générations soit livré aux hasards de la coutume,
à l'instinct aveugle, aux préjugés des nourrices,...
sans oublier ceux des grand'mères. Mais il faudra qu'on répète souvent, avant qu'on soit écouté,
que l'étude des lois naturelles du développement
du corps et de l'âme est le premier devoir des parents. M. Sully le redira, trente ans après M. Spencer, dans ses *Études sur l'enfance.* Il rappellera,
aux mères surtout, que pour conduire dans les
voies de l'humanité « les petites mignonnes créatures sans paroles » auxquelles elles doivent donner

une âme après leur avoir transmis la vie, il est indispensable qu'elles connaissent à fond leur nature. Combien y a-t-il de mères qui aient répondu à cet appel?...

L'éducation des citoyens n'a pas moins de prix que celle des chefs de famille. Ici encore, c'est la science qui sera l'éducatrice. Quelle science? L'histoire, sans doute. Mais l'histoire est-elle une science? Elle ne figure pas dans la classification des sciences, telle que l'a établie M. Spencer, qui les distribue, comme on sait, en trois catégories : *les sciences abstraites*, logique et mathématiques; *les sciences abstraites-concrètes*, mécanique, physique, chimie; et enfin *les sciences concrètes*, astronomie, géologie, biologie, psychologie, sociologie. Ce ne sera pas en tout cas l'histoire à la mode, cet amas de faits morts, telle qu'on l'enseigne dans nos collèges et dans nos écoles; l'histoire d'érudition stérile, l'histoire aristocratique, qui perd notre temps à nous conter les incidents de la vie des monarques et les intrigues de la diplomatie et des cours; ni l'histoire militaire, celle qui énumère les *Quinze batailles décisives qui ont été livrées dans le monde.* Parce qu'il connaîtra ces événements du passé, sans importance dans le présent, le citoyen en sera-t-il plus éclairé dans son vote aux élections prochaines? Non. Ces trivialités de l'histoire, on peut les étudier par curiosité, et pour son amusement; mais elles ne peuvent avoir d'influence pratique sur la conduite de nos contemporains. Ce qui importe, c'est, dans le passé et dans le présent, l'histoire des peuples, de leurs institutoins et de leurs mœurs, de leurs croyances et de leurs lois ; c'est ce qu'on peut appeler d'un mot la *Sociologie descriptive*, qui nous fait pénétrer dans la vie intime des sociétés, qui nous explique leur progrès, leur état intellectuel et moral aux différents siècles, aussi bien que leur organisation industrielle, leurs métiers et leurs corporations, qui enfin nous révèle les lois de l'évolution sociale.

Il y aurait longuement à répondre. Comment accorder à M. Spencer que l'histoire des faits militaires, des grandes luttes héroïques où s'est jouée la destinée des nations, soit inutile pour former la conscience du citoyen? Ici, comme toujours, M. Spencer sacrifie l'éducation sentimentale à l'instruction positive. Son citoyen saura analyser les institutions de son pays : mais lui a-t-on appris à l'aimer? Ne lui manquera-t-il pas ce qui seul peut rendre profitables les connaissances même les plus complètes : la dévotion respectueuse à la loi, l'amour de l'humanité, la flamme du patriotisme? D'autre part, comment consentir à éliminer des études historiques les biographies des grands hommes, les récits des belles actions? M. Spencer s'en remet trop à la nature, à ce qu'il appelle les « intuitions morales », sorte d'instincts lentement acquis de génération à génération. Des parents aux fils, par le sang, il y a sans doute une mystérieuse transmission héréditaire. Mais, des ancêtres aux descendants, ne doit-il pas y avoir une communication d'un autre genre qui, elle aussi, a son prix : celle qui se fonde sur l'imitation consciente, sur l'admiration réfléchie des beaux exemples du passé?

L'*Éducation* de M. Spencer comprend tout ce qui est essentiel pour former des esprits positifs et pratiques. Mais ce qu'on ne trouvera à aucune page du livre, c'est le souci de la culture des sentiments et des penchants du cœur.

C'est le sentiment, c'est l'inspiration qui manque encore à l'éducation littéraire et artistique, telle que M. Spencer la conçoit, et qui représente le dernier terme de l'activité humaine. Pour devenir un artiste, pour devenir un poète, il faudrait commencer par être un savant. Le paradoxe n'est pas nouveau. Diderot ne disait-il pas que le vrai poète est une encyclopédie vivante, et que le caractère qui distinguait Voltaire de ses rivaux, c'était « l'instruction » ? M. Spencer a d'ailleurs des raisons spécieuses pour essayer de justifier sa thèse. L'art, — peinture, sculpture ou poésie, — n'étant que la représentation des beautés naturelles ou des émotions intérieures, l'artiste ne saurait réussir dans son œuvre, s'il n'est d'abord naturaliste ou psychologue. En outre, pour calculer ses effets, pour trouver la note juste, l'artiste doit se rendre compte de la nature des impressions, des émotions, que ses créations excitent dans l'esprit de ses spectateurs ou de ses auditeurs : par là encore la connaissance de la psychologie s'impose à son attention. Nécessaire pour produire l'art, la science l'est aussi pour l'apprécier. Enfin, il n'y a pas, entre la science et l'art, l'opposition que le vulgaire imagine ; et M. Spencer a de jolis passages pour montrer que la science regorge de poésie. « Croyez-vous, dit-il, qu'une goutte d'eau, qui, pour le commun des hommes, n'est qu'une goutte d'eau, perde quelque chose de son intérêt áux yeux du physicien, parce qu'il saura que les éléments dont elle est composée sont enchaînés par une force qui, soudainement libérée, produirait un éclair? Croyez-vous qu'un simple flocon de neige, que le vulgaire regarde négligemment, n'éveillera pas des impressions plus élevées dans l'esprit du savant, qui découvre, à travers le microscope, les formes élégantes et merveilleusement variées des cristaux de neige? Croyez-vous qu'un roc arrondi, strié de raies parallèles, évoque autant de poésie dans l'imagination des ignorants que dans celle du géologue qui sait que, sur ce roc, un glacier glissait, il y a un million d'années?... »

'Que la science soit poésie, qu'elle puisse ouvrir des sources nouvelles d'inspiration qui jaillissent de l'observation de la nature, soit! Mais tout autre est la question de savoir si la science peut se substituer aux études littéraires pour former le poète. Ce n'est pas elle, en tout cas, qui l'exercera à l'art d'exprimer ses pensées. Ce n'est pas à elle non plus que le poète lyrique devra l'enthousiasme particulier qui l'anime. Dire que le poète dramatique est un savant parce qu'il « observe » les mœurs des hommes, c'est jouer sur les mots : car son observation n'a rien de scientifique. Mais n'insistons pas. Si, dans les erreurs de M. Spencer, il y a une « âme de vérité », il faut avouer qu'elle est bien obscurcie par des exagérations sophistiques. Comment soutenir sérieusement, par exemple, que les mauvaises compositions musicales ne le sont que parce qu'elles manquent de vérité, c'est-à-dire de science? Oui, de science, mais de celle

qui est fondée sur une initiation artistique, sur l'é-
tude des chefs-d'œuvre de la musique, et, par-dessus tout, sur une chaleur de sentiment et sur une
inspiration géniale, qui n'a rien à voir avec les inductions ou les déductions de la science pure.

Ce qu'il convient de reprocher surtout à M. Spencer, c'est qu'il réduit la culture esthétique à la
portion congrue. Je sais bien qu'il se défend de la
dédaigner : « Bien que nous rejetions l'éducation
littéraire et artistique au dernier rang, nous ne le
cédons à personne dans l'estime qu'il convient de
lui accorder. Sans les émotions que procurent, soit
les beautés de l'art, soit celles de la nature, la vie
perdrait la moitié de son charme... » Il n'en est pas
moins d'avis que dans l'éducation, comme dans la
vie, les occupations du goût n'auraient droit qu'aux
heures de loisir. Les loisirs s'accroîtront sans
doute, lorsque les forces de la nature auront été
totalement asservies pour l'usage de l'homme.
Renan rêvait aussi d'un avenir où le progrès
de la science serait comme « la rédemption de
l'ouvrier » ; où, débarrassée des soucis matériels, l'humanité pourrait librement vaquer aux
plaisirs esthétiques. C'est la même idée que
Richard Wagner exprimait, dès 1850, dans son
livre sur *L'Art et la Révolution*. Mais l'erreur est
précisément de confiner les lettres et les arts dans
un rôle purement récréatif. Aux yeux de M. Spencer,
ils ne sont que l' « efflorescence » de la vie civilisée.
Par suite, on ne s'occupera d'eux qu'en dernier
lieu, comme le jardinier fait de la fleur, après qu'il a
préalablement garanti la croissance de la plante dans
ses racines, dans sa tige et dans ses feuilles. Nous

estimons, au contraire, que la culture esthétique est indispensable pour fournir à la plante humaine la substance, la nourriture morale dont elle a besoin. Elle n'est pas seulement le couronnement de la civilisation : elle en est le fondement, elle est un des principes essentiels de la vie intellectuelle.

Jusqu'ici M. Spencer n'a envisagé la science que comme le guide de la vie, comme la lumière qui éclaire l'homme dans sa marche. Mais il sent bien que la question n'est pas épuisée, et que des objections s'élèvent. Pour y répondre, il faudrait prouver que la science n'est pas seulement un trésor de connaissances utiles, qu'elle est éducative autant qu'instructive, qu'elle « forme » l'esprit autant qu'elle l' « informe », qu'elle le discipline en même temps qu'elle l'instruit. C'est là le point délicat, et il faut bien reconnaître que notre auteur le traite avec quelque désinvolture. Autant il s'est étendu avec complaisance sur la première partie de la question, autant il est bref et sobre d'explications sur la seconde. « Nous sommes obligé, dit-il, de traiter cette partie de notre sujet avec une brièveté relative » ; et il ne lui consacre, en effet, que cinq ou six pages. Et quand il ajoute qu' « heureusement la question ne comporte pas de longs développements », nous sommes loin de partager son avis, puisque c'est la question capitale, la question des questions.

La raison générale que M. Spencer met en avant, pour justifier sa foi à la valeur éducative de la science, est faite d'ailleurs pour surprendre. C'est un argument *a priori*, tiré de la finalité de la nature et de ses intentions sages et bienveillantes. « Il n'est pas possible, dit-il, que la science, qui est nécessaire au point de vue de l'instruction et pour la direction de l'activité humaine, ne soit pas en même temps l'instrument le meilleur de la gymnastique mentale. » Croire qu'il n'en est pas ainsi, « ce serait admettre une sorte de contradiction dans la belle économie de la Nature ». En d'autres termes, la « Nature » sait bien ce qu'elle fait : elle ne peut s'être trompée et avoir conçu un plan où ce qui est utile et bon en ceci serait inutile et mauvais en cela. Avouons que c'est pousser bien loin l'optimisme et la foi à la téléologie. C'est abuser de la nature, qui devient une puissance prévoyante, infaillible, préoccupée d'économiser à l'homme sa peine et son temps. M. Spencer la personnifie et la divinise presque ; —notez qu'il en écrit toujours le nom avec une lettre majuscule. Ne nous en étonnons pas outre mesure. Au fond, la doctrine de l'évolution, malgré ses apparences positivistes, est de toutes les philosophies celle qui met dans les choses mêmes le plus d'intelligence ; car elle affirme que par son travail inconscient, mais régulier et sûr, la nature produit peu à peu un monde ordonné et harmonieux. Pour elle, il n'y a pas, comme pour l'ancienne philosophie, une harmonie préétablie, prédéterminée, mais il y a une harmonie en travail, pour ainsi dire, en voie d'organisation, qui se réalise au jour le jour, œuvre sans cesse continuée d'une intelligence mysté rieuse, inconnaissable, qui préside aux destinées du monde.

M. Spencer ne se contente pourtant pas de cet acte de foi en la nature, ce qui serait esquiver difficulté. Il veut bien discuter, et « passer aux preuves ». Mais la discussion est écourtée, et les preuves très insuffisantes. Sa démonstration se réduit à ceci, c'est que les sciences peuvent aussi bien que l'étude des langues exercer la mémoire et le jugement. S'il s'agit seulement d'apprendre par cœur des noms et des faits, il est évident que les sciences offrent à l'enfant un champ d'exercice aussi vaste et même plus vaste que les lettres. Prenons, par exemple, les sciences de la nature. Les corps simples et les corps composés, les étoiles de la voie lactée, les trois cent vingt espèces de plantes, les deux millions de formes de la vie animale, pourront meubler la mémoire d'un élève, autant et plus que les dates de l'histoire ou les milliers de mots d'une langue quelconque. Mais qu'est-ce donc que l'enfant aura gagné au change? Il est vrai que, au dire de M. Spencer, les sciences seraient supérieures aux lettres pour la culture du jugement, et que la faiblesse du jugement est le mal universel. Mais il n'est nullement établi que les exercices de traduction qui sont inséparables de l'étude d'une langue, vivante ou morte, ne favorisent pas, eux aussi, la culture du jugement et du raisonnement. La grammaire n'est-elle pas une excellente logique pratique? Dira-t-on que les sciences, par l'observation personnelle, par la nécessité de l'expérience et de la vérification, par l'emploi rigoureux de la démonstration, libèrent l'esprit, tandis que les lettres l'asservissent? Tel est le sens de ce mot, dit impérieusement le dictionnaire. Telle est la règle, dit la grammaire. Et ainsi l'étude des langues accroîtrait le docile et servile respect de l'autorité... Mais les sciences, telles du moins qu'on peut les enseigner aux enfants, n'ont-elles pas, elles aussi, leurs règles et leurs axiomes, leurs *dictata* formels et plus absolus encore? D'ailleurs, dans l'étude des littératures, tout ne se borne pas à l'étude des mots et des lois de la syntaxe ; et faudra-t-il donc compter pour rien les nobles sentiments, les belles pensées, que nous recueillons dans les œuvres des grands écrivains, toutes ces vérités éternelles qui sont, elles aussi, des libératrices de l'esprit et du caractère?

Dans cette question si controversée de la valeur éducative des sciences, il y a un point particulièrement intéressant : c'est que les sciences, étant très différentes l'une de l'autre dans leur objet comme dans leur méthode, ne peuvent prétendre à la même action sur la discipline de l'esprit, à supposer qu'elles en aient une. M. Spencer a abordé ce sujet délicat, non dans l'*Éducation*, mais dans un ouvrage publié quelques années après, l'*Introduction à la science sociale*, qui date de 1873. Il y maintient que c'est par les sciences seules qu'on peut acquérir de bonnes habitudes de pensée ; mais il reconnaît qu'il y a science et science, et que chacune d'entre elles tend à discipliner l'esprit dans un sens unique et étroit. Il ne dissimule pas l'action dangereuse de toute étude exclusive. « Les hommes qui ont une grande aptitude à observer sont rarement propres à la généralisation », et réciproquement. Il y a antagonisme entre la perception et le raisonnement. Une discipline intellectuelle, quelle qu'elle soit, si on en abuse, exalte certaines facultés ; mais elle laisse les autres s'atrophier. Les sciences abstraites, par exemple, inculquent le sens des rapports nécessaires qui existent entre les principes et les conséquences, entre les prémisses et la conclusion. Mais le revers de la médaille, c'est que l'esprit mathématique, avec son pli particulier, est malhabile à se démêler dans les sujets pratiques, dans les matières contingentes. Habitué à résoudre des problèmes dont les données sont simples et bien définies, le mathématicien se perd, s'égare dans la complexité et l'indétermination des choses concrètes et réelles. C'est à d'autres sciences qu'il faudra demander le correctif nécessaire aux insuffisances et aux défauts de l'esprit mathématique. Et M. Spencer continue son analyse, aboutissant pour chaque science aux mêmes résultats... Mais la conclusion de tout cela ne serait-elle pas, d'abord, que, pour former un esprit complet, ce n'est pas une seule science qu'il lui faudrait enseigner : c'est l'ensemble des sciences, afin de corriger les unes par les autres les tendances spéciales qu'elles développent? Or cela est impossible. La vie est trop courte pour que dans ses études l'homme puisse tout embrasser. « Quelle femme parfaite je ferais, disait Mme de Sévigné, si je vivais deux cents ans ! » Quel esprit admirable deviendrait un homme qui aurait le temps d'apprendre tout ce que l'on peut enseigner ! Mais nous qui n'avons de vie que « la longueur de la main », nous sommes bien obligés de faire un choix, et, dans les perplexités de ce choix, M. Spencer lui-même semble hésiter.

Il y a des moments où, ne tenant pas compte de

la brièveté de la vie et conséquemment des études,
il paraît disposé à demander à son élève un effort
surhumain, qui lui permettrait d'aspirer à l'universalité des connaissances. Il a, sur ce point, une
comparaison ingénieuse : « Imaginons, dit-il, une
salle fastueusement décorée, où une seule bougie,
allumée dans un angle, n'éclairerait qu'un seul
coin de l'ornementation, tout le reste de la pièce
étant plongé dans l'obscurité. Imaginons ensuite
que soudain cent lampes électriques s'éclairent,
qu'elles illuminent l'ensemble de la vaste salle, et
tout ce qu'elle renferme : nous aurons ainsi l'image
du spectacle que la nature présente, soit à un esprit
incomplètement cultivé, soit à un esprit qu'éclairent les lumières de toutes les sciences... »

L'image est belle, mais elle ne répond pas, dans
l'élargissement intellectuel qu'elle suppose, aux
conclusions plus modestes auxquelles aboutit la
pédagogie de M. Spencer. L'instruction scientifique qu'il prône, en effet, est fort loin de ressembler à ce qu'on a appelé chez nous l' « éducation
intégrale ». Tous les hommes, sans doute, pour
être bien portants, pour remplir leurs obligations
dans la famille et dans la cité, seront conviés à
étudier la physiologie, la psychologie, et encore la
sociologie élémentaire. Mais, en dehors de ces
connaissances communes à tous, il n'y aura pour
chacun d'eux qu'une initiation partielle à un
domaine restreint de la science. Si l'homme devait
successivement traverser toutes les professions, il
lui faudrait sans doute parcourir le champ entier
de la science. Mais, comme il ne pourra avoir
qu'un métier à la fois, il n'est appelé à rechercher

que les connaissances particulières qui concernent
ses occupations spéciales. De sorte que M. Spencer,
qui se présentait à nous comme l'apôtre un peu
ambitieux de l'éducation scientifique universelle,
n'est, en fin de compte, que l'adepte un peu terre
à terre de l'éducation professionnelle.

Et finalement, devant les résultats prévus d'une
éducation purement scientifique qui ne pourrait être
réellement profitable à l'esprit que si elle était
universelle, — et cela est impossible, même pour
l'homme, à plus forte raison pour le jeune homme,
— et qui, forcément partielle et limitée, ne développe que certaines facultés au détriment des
autres, n'a-t-on pas le droit de se demander si la
meilleure discipline intellectuelle ne doit pas être
demandée à un système d'études souple et varié,
où une part équitable sera faite aux sciences, sans
qu'elles prennent pourtant toute la place, et où les
lettres garderont leur légitime influence : de sorte
qu'à l'aide de ces multiples instruments d'action
didactique, l'éducation puisse mettre en jeu l'ensemble des plus hautes facultés, exercer le jugement autant que la mémoire, l'imagination autant
que la raison ; et que, selon les expressions de
Stuart Mill, l'élève parvienne non seulement à
savoir à fond ce qui fera sa principale occupation
dans la vie, mais à connaître quelque chose de tous
les sujets qui intéressent l'homme et qui peuvent concourir au perfectionnement de l'esprit
humain ?

III

Le principe général de l'éducation est posé : c'est
l'acquisition des connaissances scientifiques. Reste
à voir maintenant comment M. Spencer l'applique
à l'éducation intellectuelle, physique et morale (1).
Dans le chapitre consacré à l'éducation intellectuelle, on peut distinguer trois parties : une critique
des plus vives de la vieille éducation, l'indication
des progrès accomplis, enfin un exposé sommaire
des méthodes nouvelles et de quelques-unes de
leurs applications.

C'est dans la partie critique que brille, avec tout
son éclat, la verve incisive de M. Spencer. La
partie positive manque de précision; c'est ici surtout que se trahit l'incompétence professionnelle
de l'auteur, qui emprunte la plupart de ses idées
à Pestalozzi, et, par delà Pestalozzi, à Rousseau.

Les historiens de la pédagogie sont redevables à
M. Spencer de quelques considérations générales,
aussi intéressantes que justes. Il établit avec force
cette vérité qu'il y a des rapports étroits entre les
états sociaux, religieux, politiques et même économiques, qui caractérisent un pays et une époque,
et les systèmes d'éducation qui y sont en honneur.

(1) M. Spencer a rejeté à la fin de son livre l'étude sur l'éducation
physique. A vrai dire, il eût été plus logique de commencer par
elle.

« Lorsque les hommes recevaient leur *Credo* d'une autorité prétendue infaillible, il était naturel que l'enseignement fût purement dogmatique. Lorsque la maxime de l'Église était : « Croyez et ne demandez pas d'explications », il convenait que l'élève n'en demandât pas non plus à son maître. Lorsque régnait le despotisme politique, fondé sur la force et la terreur, implacable contre les rebelles et punissant de mort même des fautes insignifiantes, on devait voir sévir parallèlement dans les écoles une discipline d'injonctions sans fin et de punitions perpétuelles, infligées pour chaque manquement, une discipline d'autocratie illimitée, maintenue par le fouet, la férule et le cachot... » Mais les choses ont changé, à mesure que l'esprit de liberté s'est introduit dans la religion comme dans la politique. Nous ne sommes plus au temps où les hommes, « agissant d'après le principe de l_ plus grande souffrance », s'imaginaient qu'on est d'autant plus vertueux qu'on se refuse plus de jouissances ; et où, par suite, dans une inspiration d'austérité ascétique, ils considéraient comme nécessaire l'éducation qui contrarie le plus les désirs des enfants et coupe court à toute activité spontanée. Il s'en faut que les inclinations naturelles nous apparaissent aujourd'hui comme des tentations diaboliques. Enfin il n'est pas jusqu'aux idées économiques qui ne se relient, par quelque endroit, au régime pédagogique en faveur. Au système de la protection et de la prohibition commerciale correspondait ce préjugé scolaire que l'esprit de l'enfant peut être formé à volonté, par ordre, sous l'empire d'une réglementation minutieuse. Mais avec le libre échange qui a fait tomber les entraves apportées aux relations entre les nations, on a vu se briser aussi les chaînes qui opprimaient la liberté de l'enfant et se rompre la barrière qui séparait l'élève du maître.

Par-dessus toutes les conceptions fausses qui ont vicié la pédagogie, en la conformant aux croyances générales, il y aurait, d'après M. Spencer, une tendance, vieille comme le monde, qui expliquerait la longue routine où s'est traînée l'éducation : c'est la tendance à préférer l'agréable à l'utile. Le goût de la parure a précédé l'usage du vêtement, et M. Spencer en va chercher la preuve chez les peuplades sauvages. La femme indienne de l'Orénoque, qui n'hésite pas à sortir de sa hutte toute nue, ne consentirait pas à paraître en public sans s'être peinte. L'Indien supporte gaillardement les plus cuisantes souffrances pour se tatouer élégamment... De la décoration du corps, le même goût de l'ornement est passé aux acquisitions de l'esprit. Avant de se préoccuper de son bien-être, on a voulu briller. Aux connaissances qui servent, on a préféré les talents qui plaisent. Les études qui assurent le succès dans la société, qui établissent les souverainetés mondaines, qui façonnent les beaux esprits, les brillants écrivains, ont pris le pas sur les connaissances solides et pratiques. La toilette de l'esprit a succédé à la toilette du corps. On a formé des hommes de luxe, pour ainsi dire, au lieu d'élever des hommes utiles. On a aspiré à « paraître » plus qu'à « être ». Et de là est sortie une éducation de surface, où sont omises les choses essentielles, tandis qu'on y insiste sur des futilités, sur des connaissances superficielles et vaines.

Darwin reprochait aux collèges anglais du milieu du siècle que les études y étaient trop peu variées, qu'on y abusait de l'enseignement des langues classiques, que la mémoire y était seule exercée, qu'enfin le résultat de cette instruction de pure forme était de rétrécir l'esprit, parce qu'elle néglige les études qui excitent la curiosité et l'intérêt en faisant appel à l'observation et au raisonnement. Ce sont les mêmes doléances, plus amplement exposées, que M. Spencer nous fait entendre. Aucune des pratiques traditionnelles, aucun des exercices en usage dans le *curriculum* classique, ne trouve grâce devant lui. Nous avons déjà dit ce qu'il pensait de l'histoire, ce recueil de « commérages » sur les morts, qui n'offrent pas plus d'intérêt que les « cancans » sur les vivants. De la géographie politique, il dira que « c'est une chose morte ». Il ne veut plus entendre parler de leçons apprises par cœur. Rousseau eût applaudi à la campagne que son continuateur mène contre les livres. « On oublie, dit M. Spencer, que le rôle des livres est simplement « supplémentaire »; qu'ils ne sont que des instruments indirects de connaissance, auxquels on ne doit recourir que quand les moyens directs viennent à manquer. Lire, dira-t-il encore, « c'est voir par procuration »; mieux vaut voir par soi-même, et observer la nature et la vie de ses propres yeux qu'à travers les yeux et les réflexions d'autrui. « L'écolier n'ouvrira un livre que quand la maison, le jardin, la rue n'auront plus rien à lui enseigner... »

Mais c'est surtout contre l'étude des langues que M. Spencer a aiguisé les traits les plus acérés de sa verve caustique. Et il est à noter qu'il n'est pas plus favorable aux langues vivantes qu'aux langues mortes. Il ne voit dans le maintien des études latines et grecques que l'effet de la coutume, d'une mode irréfléchie. « Les hommes habillent les esprits de leurs enfants comme ils habillent leurs corps, selon la mode régnante. De même que l'Indien de l'Orénoque, — une autorité que M. Spencer invoque souvent, — se couvre de couleurs bigarrées, non qu'il y trouve quelque utilité, mais parce qu'il aurait honte de se laisser voir sans tatouages ; de même on exige du jeune Anglais qu'il sache le latin et le grec, non à raison de la valeur intrinsèque de ces études, mais parce qu'il serait humiliant pour lui de paraître les ignorer, et parce qu'elles font partie de l'éducation d'un homme bien élevé. » Et, continuant son persiflage, M. Spencer ajoute : « C'est une banalité de dire que neuf fois sur dix, dans le cours de sa vie, le jeune humaniste n'aura aucun emploi utile à faire de son latin et de son grec. Tout au plus cela pourra-t-il lui servir à faire une citation à effet!.. »

Il n'est pas possible d'exécuter plus sommairement le latinisme et l'hellénisme. Toute littérature, d'ailleurs, est chose suspecte et de peu de prix, aux yeux de certains positivistes utilitaires. Condorcet, leur précurseur, n'écrivait-il pas déjà : « Que cent hommes médiocres fassent des vers, cultivent la littérature et les langues, il n'en résulte rien pour personne? Mais que vingt s'occupent d'expériences et d'observations, leurs travaux auront le mérite d'une utilité réelle. » Dans le même sens, M. Spencer s'indigne qu'on délaisse les sciences, pour perdre son temps à lire des romans ou des poésies. Il n'entr'ouvre la porte à la littérature qu'à raison du plaisir qu'elle peut procurer. Les lettres ne sont qu'un amusement, et M. Spencer les sacrifierait peut-être entièrement, s'il n'était arrêté par cette considération plaisante, que, sans les études littéraires, la conversation serait languissante et pauvre, et que les écrivains ne sauraient plus « faire de métaphores ».

Ce n'est pas ici le lieu de répondre aux exagérations injustes de M. Spencer. Disons seulement qu'il n'a pas convaincu ses compatriotes eux-mêmes, puisque Stuart Mill prononçait quelques années après, en faveur des lettres classiques, l'admirable plaidoyer que nous avons déjà cité. En Amérique, il se rencontre des pédagogues pour oser soutenir que « le latin est la clef de voûte de l'enseignement secondaire ». Et tout récemment, un professeur américain, M. G.-R. Carpenter, dans son ouvrage sur l'*Enseignement de la langue maternelle*, où il plaide la cause des études classiques, constate qu'en fait elle est gagnée aux États-Unis, puisque le nombre des élèves latinistes y augmente sans cesse. Ce qu'il faut surtout faire observer à M. Spencer, c'est que sa grande erreur est de croire qu'il n'y ait qu'un seul genre de connaissances vraiment utiles. Dans le concours qu'il a ouvert entre les diverses études, il a le tort de ne vouloir décerner la prime qu'à une seule d'entre elles. Non, il n'y en a pas qu'une qui mérite le prix, et ceux-là se trompent aussi qui réservent aux lettres la prépondérance exclusive dont notre auteur investit les sciences. C'est par une méprise analogue qu'on imagine qu'il n'y a qu'une seule forme d'enseignement secondaire. La vérité est qu'il y en a plusieurs ; et l'avenir scolaire est à la pluralité, à la variété des cours d'études, à la diversité des combinaisons où les lettres et les sciences entreront à doses différentes ; de même que l'avenir social est à la complication croissante, à la spécialisation progressive des professions et des emplois différents de la vie.

A la critique acerbe des vieux plans d'études, nous aurions aimé voir succéder, dans l'*Éducation*, un exposé précis et détaillé du plan nouveau. C'est bientôt fait de déclarer que les sciences sont la seule base solide de l'instruction. Mais ce que nous désirerions qu'on nous dît aussi, c'est dans quel ordre seront distribuées, classées, les études scientifiques, comment on les appropriera à l'âge des enfants... M. A. Bertrand, qui n'a pas seulement traduit l'*Éducation*, qui est le disciple français le plus authentique de la pédagogie du positiviste anglais, a essayé de dresser ce programme dans son « Lycée de quatre ans ». Je ne dis pas qu'il y ait réussi, mais c'est un mérite de l'avoir tenté. Avec M. Spencer, il faut nous contenter de vues générales. Mais, s'il n'a pas rédigé le formulaire scolaire qu'on pouvait souhaiter, du moins il s'est attaché à définir les méthodes nouvelles qui doivent présider à son organisation.

Nous sommes enfin sortis de cette période d'inertie intellectuelle où une tradition indiscutée régnait en souveraine. C'était l'âge de « l'unanimité dans l'ignorance »; et en attendant qu'arrivent les jours heureux de « l'unanimité dans la sagesse », nous traversons la période troublée de la discussion, « du désaccord dans la recherche ». Déjà cependant, et quoiqu'il ne puisse être question encore d'établir une pédagogie définitive, qui ne sera possible que lorsqu'une psychologie rationnelle aura été constituée, — un certain nombre de tendances nouvelles ont heureusement fait échec aux anciennes routines. Trois siècles après que Montaigne l'avait dit, on commence à comprendre que : « Sçavoir par cœur n'est pas sçavoir ». On se rend compte, selon la formule de Rousseau, — que M. Spencer présente comme un dicton populaire, — qu'un des secrets de l'éducation est de « savoir perdre du temps ». Les abstractions reculent devant les intuitions concrètes ; les symboles cèdent la place aux réalités. En Angleterre, comme ailleurs, il semble que ce mouvement de rénovation des méthodes ait eu son point de départ dans les écoles primaires. Ainsi à l'école normale primaire de Battersea, dès 1850, l'enseignement, presque exclusivement oral, était vivifié par l'observation directe de la nature.

Le retour à la nature, en effet, tel est le trait distinctif de toutes les méthodes nouvelles, et sur ce point, que M. Spencer s'en doute ou non, c'est Rousseau qui est l'initiateur. Faire appel à la nature, ou à la science, d'ailleurs, n'est-ce point, ou à peu près, la même chose ? Qu'est-ce que la science, sinon la nature devenue « pensée », l'univers transformé en connaissance, la nature étudiée, comprise et réfléchie tout entière dans le miroir de l'esprit ?

C'est donc en se conformant à l'ordre de la nature, dans les lois qu'elle impose au développement de l'intelligence, qu'on peut se flatter de découvrir les règles de l'éducation intellectuelle : l'éducation n'étant que « la contrepartie objective du développement subjectif de la nature humaine ». M. Spencer s'est efforcé, par suite, de poser ce qu'il appelle, d'un mot qui lui est cher, les « principes » de la pédagogie de l'esprit. Il en distingue jusqu'à sept ; mais, à vrai dire, plusieurs font double emploi, par un luxe de division un peu stérile. Ainsi, il est dit qu'il faut que l'éducateur dans son enseignement, comme l'esprit dans sa marche naturelle, passe : 1° du simple au composé ; 2° de l'indéfini au défini ; 3° du concret à l'abstrait ; 4° de l'empirique au rationnel. N'est-ce pas précisément la même idée présentée sous quatre formes différentes, et comme la traduction variée de la grande loi de l'évolution, la loi du passage de l'homogène à l'hétérogène ? Au fond, tout cela revient à dire, ce que personne ne conteste, — et Rousseau l'avait déjà montré avec éclat, — que les connaissances sensibles, simples et concrètes, doivent prendre le pas sur les connaissances abstraites et rationnelles. Quelques erreurs se glissent d'ailleurs dans l'interprétation que M. Spencer donne d'une vérité que Rousseau a proclamée, et que Pestalozzi a appliquée. Comment accorder, par exemple, sous prétexte que l'esprit va « de l'indéfini au défini », qu'il est impossible, — et qu'il n'est pas désirable, — de faire entrer des idées précises dans l'intelligence de l'enfant. Il n'est jamais trop tôt, au contraire, pour inculquer des notions nettes et exactes, et cela n'est pas impossible, si l'on a soin de retenir l'attention de l'enfant sur des sujets qui soient à sa portée.

Un autre principe, qui n'est pas nouveau non plus, — et M. Spencer rend à Auguste Comte cet hommage que c'est lui qui le premier l'a énoncé, — c'est que l'éducation de l'enfant doit s'accorder avec le développement historique de l'humanité et se conformer à la marche de la civilisation ; c'est que la genèse de l'individu, au point de vue de l'acquisition des connaissances, doit être la même que la genèse de la race. La raison que M. Spencer en donne, c'est qu'en vertu des lois de l'hérédité il doit y avoir chez l'enfant une disposition à reproduire en petit l'histoire de l'humanité. Nous ne pensons pas qu'il y ait un grand profit pratique à attendre de ces considérations, plus ambitieuses que solides ; sans compter que M. Spencer exagère l'influence de l'hérédité, quand il affirme, par exemple, qu'un enfant de race française restera français, même s'il est élevé à l'étranger, alors que les faits établissent le contraire, et qu'il est démontré que l'action du milieu a bientôt fait d'étouffer les tendances héréditaires des nationalités et des races.

Tout autrement importants sont les deux derniers principes, corollaires des précédents : celui qui veut qu'on favorise le plus possible l'activité spontanée de l'esprit ; et cet autre, que l'opportunité d'une étude se mesure, — et aussi son profit, — au degré de l'attrait qu'elle offre à l'enfant.

Rien à objecter, lorsque, après Rousseau, après

Horace Mann, M. Spencer demande qu'on allège
pour l'enfant le poids des leçons en forme. C'est un
travers de notre temps, dit-il, de mettre toute l'éducation en leçons. Il faut « enseigner » le moins possible, et faire « trouver » à l'enfant le plus possible.
Il faut qu'il soit à lui-même son propre instituteur;
non un récipient inerte où l'on entasse des connaissances, mais un chercheur actif, qui observe et qui
découvre. Ces conseils sont excellents, à condition
pourtant qu'on n'en exagère pas la portée. N'espé-
rons pas, par exemple, comme M. Spencer le
suggère, et comme Pestalozzi le voulait aussi, qu'on
puisse demander à l'enfant d' « inventer la géométrie ». Les Pascal sont rares, et il n'est pas donné
à tout le monde de pouvoir retrouver Euclide.

De toutes les règles proposées par M. Spencer,
la plus originale, mais qui ne peut être acceptée
qu'avec des réserves, c'est celle qui a trait à l'instruction attrayante. Il ne s'agit pas d'imiter ces
éducateurs, aussi complaisants que malavisés, qui
puérilisent toute instruction, en cherchant à la
rendre amusante, et en supprimant l'effort. Non,
ce n'est pas dans des instructions indirectes à la
façon de Fénelon, dans des fictions, dans des fables,
dont l'agrément artificiel dissimule ce qu'il y
aurait de trop sévère dans un enseignement purement didactique, c'est dans les études elles-
mêmes qu'il faut chercher l'intérêt intrinsèque qui
peut exciter le travail de l'enfant; c'est dans les
études que l'enfant le trouvera, si on sait les appro-
prier à son âge et à ses forces. Voulez-vous savoir
si votre plan d'instruction est bien ordonné ? Exa-
minez dans quelle mesure il provoque chez vos

élèves une curiosité mêlée de plaisir. La curiosité
éveillée et le goût excité par un sujet d'études té-
moignent que l'esprit de l'enfant est mûr pour
l'aborder. Au contraire, la répugnance manifestée
pour une science est la preuve qu'on l'a présentée
à l'enfant, ou trop tôt, ou sous des formes maladroi-
tes. Ne l'oublions pas, le plaisir qui accompagne
les actes est un stimulant à leur accomplissement;
et voilà pourquoi il est bon que l'instruction soit
attrayante. Il n'est pas vrai, dans l'école pas plus
que dans la vie, que, plus on souffre, plus grand
soit le profit. L'activité intellectuelle n'est vérita-
blement utile et féconde que quand elle est agréable.
M. Spencer veut bien pourtant reconnaî re que
certaines de nos facultés ne se portent pas toujours
d'elles-mêmes et spontanément aux actions qui
seraient nécessaires. Il n'est pas toujours exact
que l'instinct de l'enfant soit plus sûr que le raisonnement de l'homme fait. Le raisonnement est
parfois obligé d'imposer à l'enfant des tâches qui
répugnent à sa paresse. Il y a donc aussi des efforts
pénibles à demander, si l'on veut que l'élève étudie
tout ce qu'il doit apprendre. L'attrait ne saurait
être le seul moteur intellectuel. L'étude, comme
la vie, est mêlée de joies et de peines. Ajoutons
que ce serait peut-être, pour le plan d'éducation que
rêve M. Spencer, une épreuve dangereuse que
d'en subordonner l'application au verdict des
inclinations de l'enfance. Qui sait si, appelés à
faire librement leur choix, d'après leurs goûts,
le plus grand nombre des écoliers ne se laisse-
raient pas séduire par l'agrément des récits historiques et des lectures littéraires, plutôt que par

le charme austère des connaissances scientifiques ?

Il est vrai que de ces connaissances scientifiques notre auteur compte adoucir singulièrement la rigueur, en les présentant sous la forme aimable et familière des leçons de choses. Les leçons de choses (*object lessons*), c'est évidemment la méthode qui se rattache le plus directement à un système où il est enjoint de faire passer les choses avant les mots, l'acquisition de la langue avant l'étude de la grammaire, l'observation avant le raisonnement, et aussi le plaisir avant l'effort. Ce mode d'enseignement s'adapte à merveille à la nature des enfants qui observent si curieusement toutes choses. Entendez-les, quand ils se précipitent bruyamment dans la chambre de leur mère. « Maman, vois comme c'est curieux ! Maman, regarde ceci ! Maman, regarde cela !... » Et cette habitude, ils ne la perdraient pas, si la sotte maman ne leur répondait pas : « Laissez-moi donc tranquille ! » Cette habitude, M. Spencer veut que les éducateurs la maintiennent. Il demande que la méthode des leçons de choses s'étende à un plus grand nombre de sujets, et qu'on en continue l'emploi plus longtemps ; qu'elle ne soit pas seulement un système organisé pour préparer l'éducation des sens, qu'elle serve d'introduction même aux sciences abstraites. Il ne doute pas, par exemple, que la géométrie ne puisse être enseignée sans définitions, rien qu'en faisant mesurer les objets. Rousseau avait risqué des hardiesses semblables.

Sur un autre point, la filiation des idées de Rousseau à M. Spencer n'est pas moins évidente. Émile a appris à dessiner : l'élève de M. Spencer aussi. Le dessin devient un élément essentiel de l'éducation, le rival et même l'égal de l'écriture, en un sens plus utile qu'elle. Les enfants en ont naturellement le goût, que ce soit d'ailleurs le dessin lui-même ou le coloris qui obtienne leurs préférences. M. Spencer pense que c'est la couleur qui serait le mode favori de la représentation des objets pour le jeune artiste de cinq ou six ans, qui ne se résigne à l'usage du crayon que comme à un pis aller : une boîte à couleurs et un pinceau sont ses instruments préférés. Dans ses *Études sur l'enfance*, M. James Sully contredit sur ce point l'affirmation de M. Spencer, et il prétend que, d'après ses observations personnelles, c'est le dessin qui passe avant la couleur.

A ces réflexions sur les leçons de choses et le dessin, joignez quelques indications encore sur l'enseignement de la géométrie, sur l'utilité des sciences physiques, sur le rôle de l'intuition et de l'expérience dans l'enseignement des éléments des mathématiques, — la table de multiplication elle-même serait apprise expérimentalement : — et le trop court chapitre de l'éducation intellectuelle est fini.

Du moins, dans sa maigreur, il est tout pénétré du sentiment profond de l'importance de la première éducation, la seule que l'auteur ait voulu examiner, et dont il dit, après Pestalozzi, qu'elle commence dès le berceau. « Quiconque a observé avec quelque attention le regard que les yeux largement ouverts de l'enfant jettent sur les objets qui l'environnent, sait bien que son éducation commence de bonne heure, que nous le voulions

ou non. Il sait aussi que ces mouvements des
doigts et des lèvres, impatients de saisir tout ce
qui est à leur portée, cette fixité d'attention, alors
que, la bouche ouverte, l'enfant prête l'oreille à
tous les bruits, il sait que tous ces actes de l'enfant
sont les premiers pas sur la route qui le conduira
à la découverte des planètes invisibles, à l'inven-
tion des machines à calculer, à la composition des
chefs-d'œuvre de la peinture, à la création des
symphonies et des opéras... »

IV

Ce n'est pas aux Anglais qu'il est besoin de rappeler l'intérêt des exercices physiques : ils en abuseraient plutôt. Dans un livre récent, *Essai d'une psychologie politique du peuple anglais*, M. Boutmy note ce petit fait qui en dit long : c'est que, « dans les grands journaux d'Angleterre, la chronique des sports occupe parfois jusqu'à 45 colonnes, contre 17 réservées à tous les autres sujets ». Un instinct impérieux de mouvement et d'action caractérise la race anglo-saxonne. La Grande-Bretagne et les États-Unis sont aujourd'hui les terres classiques des jeux de plein air, et nous ne faisons en France que les imiter de loin. Ce n'est pas chez nous qu'on aurait vu se fonder cette secte dont M. Spencer nous a appris l'existence et le nom bizarre, la secte du « Christianisme musculaire ». Ce n'est pas chez nous que l'on publierait des romans comme ceux du révérend Charles Kingsley, où l'on ne voit que héros vertueux et dévots qui aux ardeurs d'une piété mystique associent la force de biceps des athlètes et des lutteurs de foire. Cette violente éducation du corps, dont la tradition est dans le sang des Anglais, profite à l'énergie de leurs caractères, mais elle a naturellement pour premier résultat de développer leurs qualités physiques. Ce n'est pas

sans raison qu'un de nos compatriotes, M. Maurice
de Feury, lui attribue en partie la différence des
deux peuples dans leur allure et dans leur taille :
l'Anglais est svelte et élancé, le Français tendrait
à devenir « courtaud, mou et bedonnant ».

Mais l'éducation physique ne comporte pas
seulement les exercices et les sports de l'adoles-
cence. Elle commence, elle aussi, dès le premier
âge ; elle se continue pendant toute la vie. Elle
suppose un régime convenable d'alimentation et
d'habillement, un ensemble de précautions et de
soins hygiéniques. Sous ce rapport, il s'en faut que
M. Spencer soit satisfait des usages reçus dans
son propre pays.

Avec sa verve coutumière, il oppose au grand
souci qu'on prend de l'élevage des animaux l'indifférence et l'oubli qu'on témoigne à l'art d'élever
les enfants. Engraisser des porcs qui seront primés
dans les comices agricoles, dresser un cheval qui
sera vainqueur au Derby, nourrir des taureaux de
première beauté, voilà la grande affaire, la préoc-
cupation dominante. A la table du propriétaire
campagnard, quand les dames se sont retirées,
— au cabaret du village, les jours de marché, ou bien
le dimanche, après l'office, — c'est là le sujet préféré
des conversations, celui où tout le monde s'efforce
d'acquérir ou de montrer de la compétence. La
question des fourrages, la valeur nutritive du foin
et de la paille hachée, la comparaison des engrais,
tout cela est étudié, discuté avec passion. Mais
qui donc songe à s'enquérir du genre de nourriture qui convient aux enfants, quel intervalle il
serait prudent de laisser entre les repas et les

heures de travail intellectuel? Le gentilhomme rural visite ponctuellement ses écuries et ses étables : mais quand est-ce qu'il trouverait le temps de monter dans la chambre de la nourrice pour inspecter l'aération des chambres, pour surveiller l'alimentation de ses enfants ?

Locke et Rousseau avaient déjà donné le bon exemple d'une attention minutieuse accordée aux détails de l'hygiène infantile. Mais ce qui n'était chez eux qu'une intuition vague, une sorte de divination instinctive, devient, avec M. Spencer, une doctrine très précise, fondée sur les données rigoureuses de la science. Il n'admet pas qu'on abandonne plus longtemps le soin de régler ces questions à des mamans qui n'ont appris que les langues étrangères et à chanter, et encore moins à des nourrices dont l'esprit est farci de vieux préjugés. Il veut que les parents aient appris assez de physiologie pour être en état de veiller utilement sur la croissance et la santé de leurs enfants. « Il est temps que le régime de la chambre de la nourrice, comme celui de la salle de classe, soit enfin mis d'accord avec les prescriptions de la science moderne. »

Comme l'a dit l'Américain Emerson, dont M. Spencer s'approprie la formule : « La première condition pour un « gentleman » qui veut réussir dans le monde, c'est d'être un robuste animal. » Et pour le devenir, c'est comme toujours de la nature, et de la science, interprète de la nature, qu'il est nécessaire de s'inspirer. La nature est le guide suprême. « Si vous laissez la nature suivre librement ses voies, à la condition de lui fournir les matériaux dont elle a besoin pour organiser la croissance du corps, aussi bien que celle de l'esprit, elle saura bien d'elle-même assurer le développement harmonieux de l'être humain. »

C'est d'abord la question de la nourriture qui préoccupe M. Spencer. Il y est revenu plusieurs fois, et il l'étudie jusque dans ses *Principes de morale*. C'est que, dans sa conception ample et large des devoirs de l'homme, tout ce qui dans les actions d'un individu affecte directement ou indirectement son bien-être est du ressort de la morale. C'est une faute, c'est un « péché physique », de se mal nourrir, de s'imposer des privations, de pousser le travail jusqu'à l'exténuation de ses forces, tout autant que d'être paresseux ou intempérant. Les soins de propreté, l'hygiène, l'alternance du repos et de l'exercice, une durée suffisante de sommeil, une alimentation substantielle et saine, ce sont des vertus, au même titre que la sincérité, la probité, la générosité, et tous les devoirs les plus authentiques de l'ancien code moral.

Il y a deux choses à considérer dans l'alimentation : la quantité et la qualité. Sur le premier point, en vertu de cette loi d'alternance qui fait que l'humanité passe, par réaction, d'un excès à un autre excès tout opposé, du despotisme à la licence et à l'anarchie, de la dévotion outrée au scepticisme, il est à remarquer qu'un contraste analogue se présente dans nos habitudes de table. Nos pères mangeaient et buvaient copieusement : aujourd'hui, c'est la tempérance qui est à la mode. Autrefois on gorgeait les enfants, surtout à la campagne : maintenant il y aurait plutôt tendance à les nourrir insuffisamment. Or, trop manger ou manger trop peu, ce sont deux excès, deux maux, dont le dernier est le pire.

Que la nourriture soit donc avant tout abondante. Laissons l'enfant manger à sa faim. L'appétit est un guide sûr chez le nourrisson : il l'est chez les adultes, lorsqu'ils mènent une vie régulière ; il l'est chez les malades, chez les animaux eux-mêmes. Comment des parents qui ne connaissent pas le premier mot des lois de la nutrition peuvent-ils avoir la sotte prétention de se substituer aux indications de la nature, pour légiférer arbitrairement sur les besoins de l'estomac de leur enfant ? De même que dans l'État il y a « Trop de lois », — c'est le titre d'un des *Essais politiques* de M. Spencer, — de même, dans la famille, il y a trop de restrictions et de prohibitions.

Mais, dira-t-on, la preuve qu'il serait dangereux de condescendre à toutes les demandes de l'appétit des enfants, c'est qu'ils se livrent parfois à de tels excès de gourmandise qu'ils s'en rendent malades. D'abord, ces excès sont-ils aussi fréquents qu'on veut bien le dire ? L'enfant n'est pas gourmand par nature : il le devient. M. Spencer emprunte à une publication anglaise, l'*Encyclopédie de médecine pratique*, une phrase qui aussi bien aurait pu être écrite par Rousseau : « Manger avec excès est un vice des adultes plutôt que des enfants : ceux-ci sont rarement gourmands et épicuriens, et ils ne le deviennent que par la faute de leurs parents. » Mais de plus, comme M. Spencer l'explique ingénieusement, les petites débauches de l'enfant qui se gorge de fruits ou de friandises ne

sont que les revanches sensuelles de la nature
contre le régime ascétique qu'on lui a infligé.
Vous nourrissez parcimonieusement l'enfant, et
vous le nourrissez de choses insipides, pain et lait,
thé et beurre ; vous lui refusez les mets qu'il
aime. Comment après cela s'étonner que, sevré
des aliments qui lui procurent des sensations
agréables, l'enfant, le jour où vous le lâchez dans
la boutique d'un pâtissier, soit entraîné à dépasser
la mesure, et qu'il réagisse contre les privations
d'un carême prolongé, en se livrant à un carnaval
impromptu ?

M. Spencer n'est point l'homme du jeûne et de
l'abstinence. Il croit à la supériorité des individus
et des peuples bien nourris, oubliant qu'il y a des
souffreteux qui ont fait aussi leur chemin dans
le monde. Feuerbach disait : « L'homme est ce
qu'il mange », et M. Spencer, à peu près de même :
« Les races qui ont dominé les autres sont celles
qui se nourrissent bien. » Il fait remarquer que les
marins anglais, nourris de viande, sont plus
vigoureux que les marins des autres nations,
nourris de farineux. C'est dans le même sens que
M. Maurice de Fleury prétend que l'alimentation
française, qui fait plus de graisse que de muscles,
nous prédispose à être un peuple de fonctionnai-
res !... Suffirait-il donc, pour transformer nos
caractères et nous inspirer tout d'un coup le goût
des entreprises et des initiatives hardies, de modifier chaque jour le menu des repas servis aux
élèves de nos lycées, en y augmentant sensible-
ment la ration de viande ? Cela serait assurément
plus aisé que de chercher laborieusement la

réforme de nos plans d'études et de nos méthodes d'enseignement...

C'est chez l'enfant surtout que la nécessité s'impose d'une alimentation substantielle. D'abord, l'enfant dans son mouvement perpétuel use ses tissus vitaux, dépense son calorique, beaucoup plus que ne le fait l'adulte. En outre, il se développe de jour en jour : il construit pièce à pièce l'édifice de son corps ; tandis que l'homme fait, parvenu au terme de sa croissance, n'a plus qu'à conserver ce qui est acquis. Il faut donc à la fois, par un surplus de nutrition, compenser une perte de forces plus considérable, et subvenir aux besoins de la croissance.

M. Spencer n'est pas de ceux qui défendent à l'enfant l'usage de la viande, « le plus réparateur de tous les aliments » ; il ne l'interdit qu'aux tout petits, qui n'ont pas de dents, ni la force musculaire nécessaire à la trituration. A partir de trois ans, la nourriture animale est bonne, et le préjugé contraire provient, chez les riches, d'une mode fâcheuse, chez les pauvres, de raisons d'économie. Il n'y a pas, d'ailleurs, de règle absolue en pareille matière : des enfants peuvent devenir très vigoureux avec une alimentation presque exclusivement végétale, et nos petits paysans français le prouvent bien. M. Spencer, pourtant, n'a pas eu à se féliciter pour son compte d'être devenu végétarien pendant six mois. A la suite de cette expérience, il déclare avoir ressenti un grand affaiblissement de sa vigueur physique et morale. En règle générale, la viande vaut mieux que le pain, parce qu'elle est plus nourrissante ; et, pour la même raison, le pain vaut mieux que la pomme de terre. Quant à la quantité de viande, elle variera selon les circonstances : le besoin de nutrition se modifiant avec le climat, avec l'exercice qu'on a pris, avec l'état hygrométrique de l'air et l'électricité répandue dans l'atmosphère. « Dans les collèges anglais, dit M. de Fleury, on donne aux écoliers 300 grammes de viande rôtie par jour ; ce serait trop pour des enfants de France. »

Une opinion originale de M. Spencer, c'est que le goût des sucreries ne doit pas être réprimé. Le sucre, grand producteur de calorique, joue un rôle important dans le développement de l'organisme. De sorte que, dans le goût si prononcé des enfants pour le sucre, il ne faudrait voir qu'un appel légitime de la nature qui réclame ce dont elle a besoin. Nombre de médecins sont d'un avis contraire : ils proscrivent les sucreries, « qui gâtent les dents, fatiguent l'estomac, et font de la graisse inutile ». M. Spencer est en contradiction aussi avec la plupart des hygiénistes, qui généralement interdisent les crudités aux enfants, tandis qu'il veut qu'on leur complaise dans leur goût pour les fruits, même pour les fruits mal mûrs. Les groseilles vertes, les pommes les plus âpres, tous les acides végétaux sont d'excellents toniques.

Une autre question est celle de la variété dans l'alimentation. C'est folie d'obliger les enfants à manger toujours des mêmes choses, comme les soldats anglais que l'on condamne, pendant leur séjour à la caserne, à vingt ans de bœuf bouilli. On oublie que la satiété dérive de la monotonie, et qu'au contraire la sensation agréable que procure un mets nouveau réveille l'appétit. De plus, il n'est pas d'aliment qui contienne à lui seul tous les éléments nutritifs, nécessaires aux fonctions de la vie... On a quelque envie de regretter que M. Spencer n'ait pas compris qu'il en était de même des aliments de l'esprit ; et que les sciences, pas plus que les lettres, ne pouvaient à elles seules répondre à toutes les exigences d'une éducation intellectuelle vraiment complète.

Passons à un autre chapitre, celui des vêtements. M. Spencer y continue la guerre à l'ascétisme, c'est-à-dire aux habitudes trop rigoureuses, qui ne se règlent pas sur la nature et sur les sensations de l'enfant. Ce sont les sensations de froid et de chaud qui doivent déterminer le choix du costume. Une sorte de « conscience physique » nous avertit du danger auquel nous exposent des impressions nuisibles. Elle s'obscurcit sans doute chez ceux qui en transgressent les lois ; mais, chez l'enfant, elle est la voix infaillible de l'instinct encore inaltéré, qui demande des vêtements chauds pour l'hiver et des vêtements légers pour l'été. C'est sottise de vouloir endurcir le corps contre les sensations meurtrières d'une basse température. « Combien d'enfants ont été si bien endurcis qu'ils ont quitté ce monde ! » Le froid arrête la croissance des hommes, comme celle des plantes. Les peuples des pays froids, les Esquimaux, les Lapons, sont chétifs et rabougris ; de même, les moutons des montagnes d'Écosse et les poneys des îles Shetland. Plus l'enfant est jeune, et plus le froid lui est contraire. Nous nous étions imaginé que c'était à l'imitation des Anglais, et avec leur approbation, que certains de nos bambins français allaient, en toute saison, jambes nues, bras nus, cou nu. Détrompons-nous. M. Spencer, qui est très hostile à ces modes court vêtues, nous apprend que ce sont les Français qui sont les coupables, et il le leur reproche vivement. Il était déjà très fâcheux, dit-il, que les dames anglaises, trop influencées par les caprices des Parisiennes, eussent eu la faiblesse de se conformer, pour elles-mêmes, à toutes les folies de toilette inventées sur le continent. Mais il est monstrueux que, sous la même inspiration, elles habillent maintenant leurs enfants comme des « saltimbanques ». Nous voilà bien prévenus. Ce n'est pas à l'Angleterre qu'il faut attribuer la responsabilité; et comme, d'autre part, la plupart des médecins français désapprouvent la mode des vêtements légers, je la vois bien compromise : « J'ai consulté un bon nombre d'hygiénistes de l'enfance, écrit M. de Fleury : presque tous sont opposés à la coutume des jambes nues, à laquelle ils imputent les rhumes, les bronchites, et qu'ils accusent de nuire à la nutrition du corps en l'activant à l'excès. » M. Spencer n'est pas le seul savant frileux qui souhaite que les enfants soient bien couverts. Le Dr Combe, qu'il cite souvent (1), veut que les vêtements soient assez épais pour protéger le corps « contre toute sensation *éventuelle* de froid, si légère qu'elle soit » ; « contre toute sensation *habituelle* », dit plus justement M. Spencer. Et il conclut en recommandant les grosses étoffes de laine, qui auront d'ailleurs

(1) Dr Combe, *A Treatise of the physiological and moral Management of Infancy*, London, 1854.

l'avantage d'être assez solides pour supporter le
tirage et le frottement, et qu'on choisira dans les
teintes ternes et grises, pour n ql'eenfant puisse
exposer ses vêtements, sans les salir, à tous les
ébats de son âge.

Défectueuse par l'insuffisance de l'alimentation
et du vêtement, l'éducation actuelle l'est aussi par
l'insuffisance de l'exercice physique, au moins en
ce qui concerne les filles. Même en Angleterre,
il semble que le préjugé interdise au sexe faible,
que M. Spencer appelle le « sexe doux », la
pratique de ces exercices corporels dont la
femme a pourtant un besoin particulier, soit pour
remédier à sa délicatesse naturelle, soit pour être
en mesure de supporter sans encombre les pénibles devoirs de la maternité. « Sous mes fenêtres,
dit-il, j'ai un établissement d'éducation pour les
jeunes filles. Pendant cinq mois, je n'y ai point vu
trace d'exercice physique ; je n'y ai entendu, ni un
rire, ni un cri. De jeunes demoiselles tristes se
promènent dans les cours de récréation, un livre
à la main. On dirait que la santé et la force sont
des qualités plébéiennes, qui ne conviennent pas à
de futures femmes du monde. » M. Spencer a
poursuivi son enquête, et il s'est convaincu du
discrédit qui, dans les institutions *for young ladies*,
frappe les jeux bruyants, alors qu'ils font fureur
chez les garçons. Il proteste avec énergie contre
ces contradictions. Si l'activité sportive, dit-il,
n'empêche pas le jeune homme de devenir un
parfait *gentleman*, pourquoi une activité analogue
empêcherait-elle la jeune fille de devenir une
gentlewoman accomplie? Quelque violents qu'aient

été les exercices dans les cours de récréation ou dans les prairies de jeux, il n'est pas à supposer que, une fois sorties de l'école, on voie jamais les jeunes filles s'amuser à faire des culbutes dans les rues, ou à jouer des parties de billes dans les salons... Il faut que la femme, autant que l'homme, soit forte et robuste, qu'elle ne rougisse pas d'avoir un bon appétit, quoique cela soit peut-être vulgaire : il faut qu'elle prenne sa part dans les exercices physiques, et alors on ne verra plus ces personnes pâles et sèches, anguleuses, à la poitrine aplatie, qui, au dire de M. Spencer, peuplaient, il y a quarante ans, les salons de Londres.

Que seront d'ailleurs ces exercices ? Au premier rang, les jeux libres. La gymnastique n'offre pas les mêmes avantages. D'abord, dans ses mouvements réglés, elle n'exerce que certaines parties du corps. Elle est inférieure au jeu comme « quantité » d'action musculaire. Elle l'est encore plus comme « qualité » d'action. Elle ressemble trop à un exercice scolaire. Par suite, elle n'est pas accompagnée de ce stimulant précieux, qui est « le plaisir d'agir, le meilleur de tous les toniques ». La gymnastique sans doute vaut mieux que rien : mais elle ne saurait remplacer les exercices libres. Ici encore la nature est souveraine ; et derrière la nature, M. Spencer, comme il nous y a habitués, invoque le pouvoir occulte qui préside à la nature : il place l'activité physique sous le patronage de la sagesse des ordres divins (*divine ordinations*).

L'éducation physique a été de tout temps nécessaire. Elle l'est encore plus aujourd'hui, à une époque où les conditions de la vie ne permettent guère plus le repos, dans une société condamnée à un travail cérébral intense et souvent excessif. D'une part, la lutte pour l'existence devient tous les jours plus âpre et plus fiévreuse. Autrefois la guerre faisait en quelques heures des milliers de victimes; aujourd'hui les batailles de l'industrie, en surexcitant l'activité humaine, préparent plus lentement, mais aussi sûrement, des hécatombes d'hommes affaiblis et épuisés. D'autre part, tandis que la vie nouvelle nous impose chaque jour plus de fatigues, il se trouve que nous disposons de moins de forces pour les affronter. La puissance de résistance d'une race vieillie a faibli. Nous sommes moins robustes que nos pères; et nos enfants, si nous n'y prenons garde, le seront encore moins que nous. Nous ressemblons à des banquiers qui, au moment précisément où ils ont le plus de dépenses à solder, se trouveraient avoir le moins d'argent dans leurs caisses. De sorte que l'éducation physique apparaît comme la question vitale, qu'il faut résoudre à tout prix, si l'on veut arrêter la dégénérescence de l'humanité. Il ne s'agit pas seulement du présent et de nous-mêmes: il s'agit de nos enfants et de l'avenir. Et dans l'effort pour conjurer le mal, nous n'avons pas à nous préoccuper uniquement de fortifier les tempéraments par l'hygiène et l'exercice. Il faut aussi écarter le plus possible les causes qui tendent à les affaiblir, et qu'un seul mot résume: le surmenage, celui du corps, comme celui de l'esprit.

Personne n'a dénoncé avec plus de vivacité que M. Spencer les conséquences fatales de ce double surmenage. Lors de son voyage en Amérique, en

1882, prenant la parole dans un banquet à New-York, il ne trouvait rien de mieux pour remercier les Américains de leur hospitalité que de les avertir, avec une franchise courageuse, des défauts de leur civilisation affairée et de leurs mœurs épuisantes. Il les engageait à négliger un peu « l'Évangile du travail », pour passer à « l'Évangile du délassement ». Il leur disait : « J'ai été frappé, en vous visitant, du nombre de visages fatigués, où je pouvais lire, inscrits dans des rides profondes, les souvenirs et la trace de lourds fardeaux longuement portés... Chez vous, les cheveux blanchissent dix ans plus tôt que chez nous... » Un évolutionniste, pour lequel le dogme de l'hérédité a remplacé celui du péché originel, est naturellement plus frappé, plus effrayé, que ne l'est le commun des philosophes, de l'avenir que préparent à l'humanité les excès de l'activité moderne. Le premier devoir de l'homme est le soin de son corps, non seulement dans l'intérêt de son propre bien-être, mais aussi par égard pour ses descendants. La force de notre tempérament est un bien dont nous n'avons que l'usufruit, et que nous devons transmettre intact, sinon accru, à nos enfants. Leur léguer des millions de francs au détriment de notre santé ruinée, cela ne compense nullement le tort que nous leur aurons fait en leur léguant aussi la faiblesse et les tares d'une constitution épuisée.

Dans sa campagne contre le surmenage, c'est l'abus du travail scolaire que M. Spencer a particulièrement en vue. Il ne veut pas que les études commencent trop tôt, sous prétexte que, les places étant plus disputées dans le monde, il faut arriver plus vite. Il cite avec approbation un physiologiste de ses amis, — un disciple de Rousseau certainement, — qui lui disait : « Mon fils ne recevra aucune leçon avant qu'il ait huit ans... » Il ne veut pas non plus de ces études trop érudites, trop savantes, qui s'entassent dans le cerveau, comme la graisse dans un corps obèse, sans profit pour la vigueur de l'esprit. Il va jusqu'à dire, lui, l'apôtre de l'éducation scientifique, que le succès dans la vie dépend moins du savoir que de l'énergie et de la volonté forte, et qu'en tout cas ce qu'il faut estimer et acquérir surtout, ce sont les connaissances pratiques, celles qui sont comme « les muscles de l'esprit ».

C'est principalement pour les femmes que M. Spencer redoute les conséquences d'une culture forcée (*overpressure*); c'est chez elles que l'excès d'une étude intensive peut causer les plus irrémédiables dommages. L'instruction supérieure qui est donnée aux jeunes filles dans certaines institutions anglaises, — il cite celles de Girton et de Newham, — est incompatible avec une bonne santé, la bonne santé qui se traduit par la bonne humeur, la gaieté et une surabondance de vie. M. Spencer laisse entendre à mots couverts que de cette lassitude prématurée de la jeune fille peuvent sortir des « discordes conjugales »…. Dans l'intérêt de son propre bonheur, comme de celui de sa future famille, la jeune fille doit ménager ses forces, et s'interdire la fatigue cérébrale dont l'épuisement nerveux serait la suite. M. Spencer est encore ici de l'école de Rousseau : il a une tendance à souhaiter que la femme se contente de ses attraits naturels. Les hommes, dit-il, ne leur demandent pas de l'érudition. Ce qu'ils veulent trouver chez la compagne de leur vie, c'est « la beauté, un bon caractère et un sens droit ». — « Quel est le jeune homme, dit-il encore, qui est jamais tombé aux genoux d'une femme, parce qu'elle savait l'italien ou l'allemand? Ce qu'il lui faut, ce sont des joues roses et des yeux brillants... »

Le surmenage physique, il est vrai, ne serait pas moins pernicieux que le surmenage intellectuel. M. Spencer n'est pas un fanatique des jeux athlétiques. Qui le croirait? Il condamne le *fool ball*, qui a pourtant triomphé de ses critiques, critiques très vives, puisqu'il l'accuse d' « exercer une influence abrutissante ». Il n'admet que les jeux qui comportent un exercice musculaire modéré. Il n'est point un adorateur de la force brutale. On sait avec quelle passion il s'est attaqué au militarisme et aux habitudes violentes qui en résultent parfois. Il a des paroles dures pour l'Allemagne, où le duel est en honneur, chez les étudiants, comme chez les officiers, « où tous les mâles sont élevés pour la guerre ». Il a des réflexions injustes pour la France, dont il dit que « toute l'énergie de la nation est concentrée dans ses dents et dans ses griffes ». Il aurait pu réserver pour son propre pays, s'il avait prévu en 1862 les événements de 1900 et 1901, une part de ses amères protestations... Mais je me trompe : il l'a fait. Il n'a pas dissimulé les violences des conquêtes coloniales de l'Angleterre ; il cite, par exemple, entre plusieurs autres, cette atrocité commise dans l'Inde, le jour où, après avoir fusillé

en masse une bande de Cipayes, les Anglais
mirent le feu à ce tas humain, pour achever les
malheureux qui respiraient encore. La guerre
actuelle pourrait fournir à sa critique d'autres
occasions de s'exercer...

Quelque attentif que soit M. Spencer à l'acquisition des vertus physiques, de la force du corps et
du courage, il ne les exalte donc pas outre mesure.
Il croit avec raison qu'elles seront toujours nécessaires, et qu'elles le sont particulièrement tant que
le militarisme reste une des conditions du maintien
des nationalités. Mais il les met à leur rang,
comme des qualités inférieures, qui ne doivent être
que les servantes et les subordonnées des vertus
morales et des attributs plus élevés de l'humanité.
Ce n'est pas la faute de M. Spencer si, dans un
discours récent, Lord Rosebery a pu reprocher à
l'éducation anglaise de sacrifier le développement
de l'esprit aux exercices du corps. Une recherche
trop ardente des qualités musculaires peut rompre
l'équilibre des facultés. De même que l'abus du
travail cérébral produit l'épuisement physique, de
même l'excès du travail corporel affaiblit la puissance de l'esprit. C'est ainsi que l'inertie mentale
succède à des courses excessives, et que la croissance trop rapide de l'enfant est accompagnée
d'une sorte de prostration intellectuelle. L'idéal
est de maintenir un sage équilibre entre deux
activités qui se font opposition. Rappelons-nous
que « la nature est un comptable sévère, et que,
si vous lui demandez sur un chapitre plus d'efforts
qu'elle ne peut en dépenser, elle rétablit la balance
en faisant des économies sur un autre chapitre ».

V

Si, pour les raisons que nous avons dites, l'éducation physique s'impose, avec une nécessité plus impérieuse que jamais, à une race vieillie et surmenée, l'éducation morale, pour des raisons d'un autre ordre, est d'une urgence plus pressante encore; et M. Spencer semble d'abord s'en rendre compte. Ému du déclin des croyances religieuses, inquiet du vide qu'ouvre dans les consciences humaines la diminution de la foi au surnaturel, — et ce n'est pas sur ses propres écrits qu'il faut compter sans doute pour enrayer le mouvement, — il affirme la nécessité de remplacer par la science qui grandit la foi qui s'éteint. La morale, elle aussi, devrait être une science. Au code de la morale surnaturelle, dont l'autorité s'en va, morte ou du moins très affaiblie, il faudrait se hâter de substituer le code de la morale naturelle, qui n'emprunte la force de son autorité qu'à l'évidence de ses démonstrations, et qui seul peut remplacer les dogmes d'origine sacrée, dont les lois ont pendant des siècles gouverné l'humanité croyante. Ce serait un désastre moral, si la science, devenue souveraine, ne réussissait pas à conquérir dans les âmes l'empire qui échappe en partie aux religions défaillantes.

Et cependant, par une contradiction qui étonne

de la part d'un esprit aussi systématique que l'est
M. Spencer, le même philosophe qui ne jure que
par la science se donne à lui-même un éclatant
démenti, et déconcerte les espérances qu'il nous
avait fait concevoir, puisqu'il cesse de croire à la
science, et d'en admettre l'efficacité, quand elle prétend moraliser les hommes. Il n'accorde pas que
les connaissances puissent avoir un effet bienfaisant sur la conduite et sur les mœurs. Il raille im-
pitoyablement ce qu'il appelle le fanatisme moderne, le « fanatisme de l'instruction ». Il plaisante les
moralistes qui s'appuient sur les statistiques de la
criminalité, pour affirmer que l'ignorance et le crime
sont corrélatifs, qu'ils sont liés l'un à l'autre par
un rapport de cause à effet. « Autant vaudrait, dit-
il, soutenir que le crime a pour cause l'absence
d'ablutions fréquentes et la malpropreté des vêtements, et que la criminalité va habituellement de
pair avec la saleté de la peau. » Quel rapport
peut-il y avoir entre l'art d'épeler les lettres de
l'alphabet ou de tracer des caractères noirs sur
une feuille de papier blanc, et le pouvoir de bien
agir dans la vie ? La connaissance pure n'affecte
pas la volonté. En un mot, M. Spencer ne croit
pas à la vertu curative, moralisante, de la science.
Il prédit que les faits établiront de plus en plus la
vanité des espérances que l'opinion enthousiaste
de nos contemporains fonde sur la diffusion des
lumières de l'esprit. Il ne va certes pas jusqu'à
dire, avec les amis de l'ignorance, que l'instruction soit pernicieuse et corruptrice, mais il la juge
impuissante et stérile, comme instrument de mo-
ralisation. La foi à la lecture et aux livres de classe

serait une des superstitions de notre temps. N'est-il pas remarquable que le positiviste anglais en vienne, comme l'a fait Auguste Comte sur la fin de sa vie, à proclamer la souveraineté du sentiment et l'impuissance de la raison, puisqu'il dit en propres termes : « Ce ne sont pas les idées qui bouleversent et gouvernent le monde, ce sont les sentiments » ?

Ce n'est pas seulement de la science en général que M. Spencer dénonce l'inefficacité pratique : c'est l'enseignement direct de la morale qu'il juge lui-même infructueux. On s'imagine pouvoir enseigner la vertu par des leçons ! Illusion. La volonté n'obéit pas à un principe par ce seul fait que l'intelligence en a compris et accepté la vérité. Combien d'hommes qui sont instruits de leurs devoirs, et qui, pourtant, ne les pratiquent pas ? Combien, parmi ceux-là même qui sont professeurs de morale, dont les actes ne se conforment pas aux belles paroles qui flottent sur leurs lèvres ? Et M. Spencer relève autour de lui, — ce qu'il serait facile de faire en tout pays, — de tristes exemples d'intolérance, de violence injurieuse, chez des écrivains chrétiens qui passent leur vie à prêcher la charité. Renonçons donc à l'espoir de pourvoir à l'éducation morale par le ministère de l'instruction. Ce que les ministres des cultes ne peuvent eux-mêmes se flatter d'obtenir, par la prédication religieuse, dans leurs églises ou dans leurs temples, où l'architecture imposante, les vitraux, les œuvres d'art et les tableaux, les chants et la musique, et un demi-jour mystérieux, appellent l'âme à la méditation et au recueillement, comment des instituteurs laïques réussiraient-ils à le réaliser, par la prédication morale, dans leurs salles de classe nues et froides, où les yeux ne se reposent que sur des cartes de géographie, des images d'animaux et de froids tableaux de lecture?...

Si M. Spencer s'était borné à taxer d'insuffisance l'action moralisatrice de l'instruction, nous y consentirions volontiers. Autre chose est en effet la simple notion communiquée à l'esprit, autre chose la volonté d'agir. C'est à d'autres forces qu'à l'intelligence seule, même la plus nourrie de connaissances, la plus vivifiée par la science, qu'il faut s'adresser pour établir la moralité. Mais, si l'instruction ne peut pas tout, elle peut pourtant quelque chose. Si elle n'est pas l'unique inspiratrice de la vertu, sûre d'être obéie, elle en est au moins la conseillère, qui se fait parfois écouter. Elle ne suffit pas à déterminer les actes de la volonté, mais elle les prépare, en les éclairant. N'a-t-on rien fait pour la morale quand on a déraciné les préjugés, les superstitions et les erreurs? N'est-ce pas une garantie prise contre le vice que d'en avoir démontré les effets pernicieux? Comment ne pas être surpris qu'un moraliste utilitaire surtout, qui apprécie les actions humaines d'après leurs résultats, d'après leur influence sur le bonheur individuel et social, ne veuille pas reconnaître quel profit il y a, par exemple, à faire voir les conséquences physiquement funestes qu'entraînent les actes immoraux?... C'est le sentiment qui mène les hommes. D'accord. Mais l'intelligence éclairée n'agit-elle pas sur le sentiment? Pour qu'il fasse chaud dans les cœurs, n'est-il pas bon qu'il fasse d'abord clair dans les cerveaux? Une bonne habitude morale ne s'acquiert que par la répétition fréquente d'une même action. Soit encore. Mais, pour décider l'enfant à la répéter, est-il donc inutile de lui en avoir montré, soit l'utilité, soit la beauté? Vous voulez que l'adolescent soit sobre? Ne servira-t-il de rien de lui avoir fait toucher du doigt, dans ses ravages meurtriers, la plaie de l'alcoolisme? Vous voulez qu'il soit généreux, bienfaisant, patriote? Est-ce qu'on s'est donc trompé, depuis qu'il y a des hommes et qui prêchent la vertu, en demandant aux héros et aux sages les beaux exemples qui excitent l'émulation?...

La campagne que M. Spencer a cru devoir entreprendre contre la science, considérée comme un des éléments du progrès moral, est donc injuste autant qu'inattendue; et l'on aurait le droit de lui demander à quoi, s'il disait vrai, tendrait le grand effort qu'il a fait lui-même pour organiser en un système les lois scientifiques de la morale. Si la connaissance de la théorie rationnelle ne doit pas contribuer à modifier, à améliorer la pratique, à quoi bon la théorie?...

Mais peut-être, pour s'expliquer l'attitude que M. Spencer a prise dans les questions d'enseignement de la morale, est-il nécessaire de savoir quelle est dans son ensemble sa doctrine des mœurs? La morale évolutionniste ressemble si peu aux idées reçues qu'il se pourrait bien qu'il fût inutile, en effet, d'en faire une matière d'enseignement; de sorte que la contradiction, dont l'apparence nous a choqué, n'existerait pas au fond, n'étant que la conséquence même du système de notre auteur.

La morale de M. Spencer, c'est l' « hédonisme », la morale du plaisir; ou plutôt l' « utilitarisme », la morale de l'intérêt, mais de l'intérêt entendu dans son sens le plus élevé. C'est la morale qui nous propose pour but, non la poursuite hasardeuse et aveugle du plaisir, mais la recherche raisonnée du bonheur, du bonheur des autres comme du nôtre. Le bonheur est le but ultime de la vie. Il faut en finir avec les moralistes impitoyables qui ne font grâce à aucun plaisir. Il faut écarter l'idée de ce Dieu diabolique auquel les ascètes d'autrefois pensaient être agréables en se macérant, en s'imposant toutes les privations et tous les sacrifices. Là tendance au plaisir est au fond de tous les efforts de l'humanité, même de ceux qui se traduisent par des souffrances volontairement acceptées. C'est le bonheur dans ce monde qui est et doit être l'idéal nouveau; et l'évolution universelle des êtres nous y achemine insensiblement.

Le terme de cette évolution, c'est l' « individuation » la plus complète; et cependant on pourrait dire que, pour M. Spencer le problème moral est moins le problème des individus et des personnes, que celui de la race. L'humanité est enveloppée dans le système du monde. La morale est un « problème cosmique ». La loi morale est une dérivation de la loi de l'évolution qui régit toutes choses. Une sélection continue élève les êtres de l'uniformité confuse et de la promiscuité des commencements à la variété harmonieuse des individualités. De même que de la nébuleuse primitive

sont sorties d'innombrables étoiles distinctes, de
même de la masse informe des tribus sauvages
ont émergé les individus des sociétés civilisées. Si,
dans le monde inorganique, l' individuation » est à
son minimum, elle est au maximum chez l'homme.
Et cette « individuation » n'est pas autre chose que
le pouvoir de persister dans l'être, et en même
temps de l'étendre, de le rendre toujours plus
complet. Complet, parfait, bon, moral, ce sont
autant de mots synonymes. Un jour viendra où les
tendances altruistes, développées d'âge en âge,
seront aussi fortes au cœur de l'homme que les
tendances égoïstes. Le moralité humaine se fait
péu à peu. Elle est, pour chaque individu, moins
l'œuvre de sa volonté personnelle que le résultat
hérité des actions de ses ancêtres. Le progrès est
une nécessité. Lorsque le progrès aura parcouru son
dernier stade, lorsque l'individu, par suite, sera complètement adapté, et à la nature, et à l'état social,
la « conduite droite » sera la seule naturelle. Les
actions auxquelles l'homme se soumet aujourd'hui,
avec répugnance et uniquement parce qu'elles lui
sont présentées comme obligatoires, il les accomplira sans effort et avec plaisir ; de même que celles
qu'il évite par sentiment du devoir, et quoiqu'il
lui en coûte, il s'en abstiendra, sans y avoir du mérite, parce qu'elles lui seront désagréables. Dans
cet âge d'or de la fin des siècles, l'homme sera
devenu à peu près ce qu'est dès à présent l'animal,
immobilisé dans ses instincts. Il accomplira méca-
niquement ce qu'on appelle le bien. Et ainsi c'est à
une sorte d'automatisme moral que M. Spencer
convie et fait aboutir l'humanité. Idéal étrange,

dont nous ne devons pas d'ailleurs nous inquiéter beaucoup, car il est bien lointain ; et qui, par certains côtés, quelque singulier qu'il soit, ressemble à la béatitude éternelle promise par la religion à ceux qui ont mérité d'être les élus de Dieu.

Mais en attendant l'avènement de ce paradis terrestre qui recevra les fils de l'évolution, quelle est la situation morale des individus qui vivent dans les étapes provisoires que l'humanité traverse ? Il est bien évident que, pour eux déjà, les anciennes notions morales n'existent plus, ou qu'elles ont complètement changé de sens. Le mot de devoir n'est plus qu'un mot. Il n'y a plus d'obligation morale. L'impératif catégorique de Kant n'est qu'une fiction.

A la place, la philosophie nouvelle nous propose une sorte de nécessité naturelle et subjective, qui dérive de notre constitution. Le sens moral est le produit des expériences d'utilité organisées et consolidées à travers les générations successives. Il n'y a plus une autorité supérieure à nos volontés, imposant ses lois, ses ordres et ses prohibitions. Il y a seulement une contrainte naturelle, qui provient des habitudes héréditaires, et qui se manifeste par ce que M. Spencer appelle des « intuitions morales », par une espèce de sens moral. De l'égoïsme, l'homme s'élève peu à peu à l'altruisme. Les sentiments généreux s'incorporent à sa structure organique. Ils ne sont d'ailleurs, comme le suggérait déjà Rousseau, que la transformation des sentiments personnels, excités et transfigurés par la sympathie. Ainsi le sentiment de la justice n'est que l'amour de la liberté personnelle, que la considération sympathique des atteintes portées à la liberté des autres a, en quelque sorte, élargi et généralisé.

En résumé, vivre moralement, c'est, selon l'antique précepte des stoïciens et des épicuriens, « vivre conformément à la nature ». Et, s'il en est ainsi, l'on comprend que M. Spencer n'ait pas à se préoccuper de l'enseignement de la morale, puisque, aussi bien, il n'en a pas besoin, et que la nature, incessamment perfectionnée, se suffit de plus en plus à elle-même.

Pour qu'elle pût se suffire entièrement, il faudrait cependant proclamer, avec Rousseau, que tous les instincts de l'enfant sont innocents et bons ; et c'est ce que M. Spencer ne fait pas. Le dogme de l'optimisme absolu, celui qu'on appelle en Angleterre « le dogme de Lord Palmerston », celui aussi du poète Shelley, qui disait : « L'homme est bon, la société mauvaise, et il suffirait de supprimer les institutions établies pour faire de la terre un Paradis » ; ce dogme, notre philosophe ne l'accepte point ; et il ne saurait l'accepter, sans renier la doctrine de l'évolution et du perfectionnement progressif de l'humanité. Parfois, il semble même abonder dans un sens inverse, et souscrire à la doctrine de la perversité naturelle. Le portrait qu'il trace du caractère des enfants n'est point flatté et rappelle la litanie d'injures que leur adressait La Bruyère : « Les instincts de l'enfant sont ceux du sauvage ; de là, ces tendances si générales qui le portent à voler, à mentir, à se montrer cruel et brutal. » Dans ce tableau poussé au noir, M. Spencer en vient même à nier ce qu'il y a d'aimable, de charmant, dans la physionomie rose et souriante du nouveau-né. Il ne voit en lui qu'un être difforme, mal venu, dont la figure rappelle trait pour trait celle de l'homme primitif : nez plat, narines relevées, lèvres épaisses, etc. Et au moral l'enfant ne vaut pas mieux : « Il est la proie des impulsions mauvaises. » La race barbare dont il est le descendant revit en lui. Quel aveu échappé à un évolutionniste, puisque, au lieu des progrès annoncés et que la suite du temps aurait dû consolider, il retrouve chez les enfants de notre temps la survivance de la sauvagerie des premiers âges ! De la constatation de ces tristes hérédités ne faudrait-il pas conclure, avec plus de conviction que jamais, à la nécessité de l'éducation, de l'éducation morale en particulier !

Il est vrai que M. Spencer ne maintient pas ce premier jugement, absolument défavorable, sur la nature de l'enfant. Sa conclusion est « qu'il n'y a pas un sentiment entièrement bon, ni un sentiment entièrement mauvais ». Et faisant la part du pour et du contre, il dira : «Je n'ai pas une assez bonne opinion de la nature pour la croire capable de marcher droit sans être surveillée, ni une opinion assez mauvaise pour dire, avec les pessimistes, que le cœur de l'homme est trompeur par-dessus tout et désespérément malin. » Mais cette conclusion, si adoucie qu'elle soit, suffit pour laisser subsister, en partie, la contradiction que nous avons relevée. Car enfin, si une partie au moins des tendances humaines est viciée et mauvaise, comment ne pas recourir à un enseignement quelconque, pour former la volonté et les senti-

ments qui combattront et redresseront ces instincts pervers? Et si, par hasard, la science était
impuissante à accomplir cette tâche, que reste-
rait-il, sinon de faire de nouveau appel à l'enseignement religieux?

Mais, en admettant, ce qui n'est point vrai, que
l'instruction ne puisse rien pour développer les
forces morales, comment oublier que l'éducation
comprend autre chose que l'excitation des idées et
des sentiments qui nous inclinent au bien, et qu'elle
doit déterminer avec précision les actions conformes
à la morale, de quelque manière qu'on la définisse.
Et ici l'utilité de l'enseignement moral apparaît
avec une évidence indéniable. Ajoutons qu'il s'impose surtout aux utilitaires, à ceux qui suppri-
ment ou affaiblissent les vieilles idées de devoir et
d'obligation, et qui ont autrement besoin que les
moralistes de l'ancienne école de nous apprendre
à discerner ce qui est utile et ce qui ne l'est pas,
le bien et le mal, tels qu'ils l'entendent. En effet,
dans la morale traditionnelle, il est possible de
soutenir que la réflexion et le raisonnement sont
presque inutiles. Une loi souveraine, indiscutée,
qui distingue le bien et le mal en soi, adresse ses
commandements à des consciences dociles. Un
devoir absolu est imposé : il n'y a qu'à s'y conformer sans discussion. Dans la morale de l'intérêt,
au contraire, combien l'aide de la science est plus
nécessaire? Que de confusions possibles entre
l'intérêt grossier et l'intérêt bien entendu? Quelle
affaire délicate de connaître son devoir, quand le
devoir consiste à rechercher les actes conformes
à l'utilité? C'est seulement d'une connaissance

exacte des lois de la vie et des conditions de la société que l'on peut déduire quels sont les modes de conduite qui, en vertu de la nature des choses, tendent à garantir le bonheur individuel et social. Comme le disait fortement Stuart Mill, « c'est l'éducation qui sera le salut de l'utilitarisme ». C'est l'éducation, en effet, qui seule peut empêcher une humanité gouvernée par l'intérêt de se [perdre et de déchoir dans l'égoïsme et l'immoralité.

Mais M. Spencer ne semble pas avoir eu conscience des difficultés plus grandes qui pèsent sur la morale utilitaire. L'éducation morale, telle qu'il nous la présente, est des plus courtes ; elle ne comprend guère qu'un chapitre, celui de la discipline, et encore de la seule discipline répressive, celle des châtiments.

Ici encore c'est la nature et l'utilité qui guident l'auteur de l'*Éducation*. Son système de discipline, la discipline des réactions naturelles, —qu'on pourrait appeler la discipline des résultats ou des conséquences, — consiste, en effet, à mettre l'enfant en face de la nature et à lui faire trouver sa punition dans une diminution de son bien-être. Au fond c'est la théorie de Rousseau, amplifiée, systématisée et étendue à toute la vie. Un enfant tombe : la douleur que lui cause sa chute l'avertit qu'il faut être prudent dans ses mouvements. S'il se brûle la main à la flamme d'une bougie, à la barre de fer chaud de la cheminée, il aura ainsi appris à se défier du feu. C'est de ce rapport naturel, qui à toute action lie certaines conséquences, qu'il faut user pour diriger la conduite de l'enfant. Mais il

est aisé de voir quels sont les défauts et les lacunes
d'une discipline ainsi comprise.

Une petite fille, une de «ces ennuyeuses petites
créatures » qui mettent le désordre dans la maison,
qui musent et qui flânent, n'est pas prête à
l'heure de la promenade? Eh bien, pour la punir,
on lui défendra de sortir; et M. Spencer affirme
que, la prochaine fois, elle sera prête à l'heure. En
est-il bien sûr? Dans le monde un peu imaginaire
d'enfants dociles et souples que rêve son optimisme, le coupable cède à la première sommation
de la nature; il s'amende à la seule idée de la
privation qu'elle lui ménage et dont il a fait l'expérience. Nous craignons que, dans le monde réel,
il ne se rencontre des récalcitrants, des indociles,
qui ne se laisseront pas si aisément convertir et
ramener à l'ordre. Autre exemple : un gamin se
refuse à remettre en place ses jouets? Il n'y aura,
pour le corriger, qu'à lui enlever sa boîte à
joujoux. Remarquons d'abord qu'ici, comme tout
à l'heure, ce n'est point la nature qui réagit, ce
sont les parents qui interviennent, soit pour obliger
l'enfant à rester à la maison, soit pour le priver
de ses jouets. Mais surtout qui nous garantit que
le petit désordonné viendra si vite à résipiscence?
N'est-il pas à supposer qu'il s'entêtera parfois
dans ses habitudes de désordre, si l'on n'emploie
pas d'autres moyens pour les lui faire perdre? Il
est fort à craindre que la discipline des résultats
n'ait pas celui qu'on attend d'elle; et déjà nous
pouvons conclure que son efficacité n'est pas cer-
taine, il s'en faut.

Mais voici un autre inconvénient : quoi qu'en dise

M. Spencer qui parle de sa stricte justice, cette discipline de la nature n'est point proportionnée, dans les châtiments qu'elle inflige, soit avec les forces physiques du délinquant, soit avec le caractère et la gravité du délit. Émile a cassé les carreaux de la fenêtre : un bon rhume lui apprendra à ne pas recommencer. Soit. Mais ce rhume peut tourner à la fluxion de poitrine, si l'enfant est délicat. Il sera si bien corrigé qu'il en mourra ! Aux coups de la nature aveugle, — car elle est aveugle souvent, quoi qu'en pense M. Spencer, — immuable et inexorable dans ses décrets, vous exposez indistinctement des créatures dont la force de résistance est des plus variables. Un enfant robuste subira, sans en souffrir, les impressions de froid qui accableront, jusqu'à compromettre sa vie, un autre enfant aux poumons fragiles ; de même qu'aux jours de gelée une frêle plante se dessèche et meurt parmi les arbrisseaux qui résistent. La nature, moins intelligente et moins douce que ne le croit M. Spencer, ne tient nullement compte, dans ses réactions impitoyables, de ce qu'il y a d'infiniment divers et varié dans les tempéraments humains. Elle ne pèse point dans ses balances l'âge, la délicatesse ou la vigueur physique de ses justiciables. Et, de nouveau, nous pouvons conclure que la discipline des réactions naturelles est mauvaise, puisqu'elle est injuste et dure, cruelle pour les faibles.

Mais elle est injuste à un autre point de vue encore : elle n'apprécie pas la qualité morale des actions. Que la faute ait été commise par imprudence, par étourderie, ou au contraire avec une intention méchante, la sentence rendue est la même. Dans sa répression inconsciente et fatale, la nature châtie également, et l'infraction innocente à ses lois, et la désobéissance volontaire. Elle ignore les motifs de l'acte qu'elle réprime. Le pauvre enfant qui, par mégarde ou même par excès de zèle, en travaillant la nuit, aura mis le feu à son lit, sera brûlé vif, tout comme le garnement qui criminellement incendie sa maison. Le coureur imprudent qui, par maladresse, est tombé, en glissant sur une pierre, se cassera la jambe, tout aussi bien que le gourmand qui se laisse choir du haut de l'échelle où il a grimpé pour atteindre à des friandises défendues. La nature n'est pas toujours la puissance bonne et bienveillante que rêvent les partisans de l'évolution. Il faut protéger contre ses rigueurs l'homme et encore plus l'enfant. On peut se demander si l'humanité réussirait à vivre sous le régime des réactions naturelles. Comme le disait Stuart Mill : « La loi de la gravitation, pour ne citer que celle-là, est la plus cruelle de toutes les lois ; elle casse le cou sans scrupule à l'homme le meilleur et le plus aimable !... »

Autre objection : même dans les cas où la justice immanente des choses trouve l'occasion de s'exercer exactement, elle le fait souvent avec trop de lenteur pour que l'individu puisse en profiter. Elle n'arrive pas à temps. Elle n'est souvent que la revanche, la vengeance platonique, pour ainsi dire, de la nature qui réagit trop tard, alors que la mauvaise habitude est prise, que le mal est fait et irréparable. Un écolier est paresseux : assurément il peut venir un moment dans sa vie où il pâtira de ce péché de jeunesse ; il se prépare pour l'avenir des déceptions de carrière. Mais quand est-ce qu'il se rendra compte des fâcheux effets de sa négligence ? Alors qu'il ne sera plus temps d'y remédier. La nature n'a pas de réactions immédiates pour ce genre de fautes. Pour le moment, la paresse de l'écolier ne lui vaut que les douceurs de la flânerie. La perte d'une leçon le met en belle humeur. Ajoutons que cette justice tardive n'est pas infaillible, et que la nature a, elle aussi, ses « erreurs judiciaires ». N'arrive-t-il pas qu'un écolier, paresseux mais intelligent, ne se ressent nullement dans la vie de son indolence à l'école, tandis que pour tel autre, moins bien doué, la paresse scolaire aura paralysé pour la vie le ressort de l'activité et d'avance compromis tout espoir de succès ?

Mais ce qui, par-dessus tout, discrédite à nos yeux la discipline des réactions naturelles, si l'on prétend l'ériger en un système exclusif, c'est qu'elle ne fait point appel au sens moral. Comme l'a déjà fait remarquer M. Gréard, qui a traité de main de maître le sujet qui nous occupe : « Supposez qu'un enfant ait la main assez leste pour échapper à la réaction d'une imprudence, l'esprit assez délié pour esquiver les conséquences d'une faute, le voilà quitte.... Il s'agit, non de bien faire, mais d'être adroit et de réussir. » Dans un régime de vie, en effet, où l'enfant n'a plus à se préoccuper que des suites matérielles de ses actions, son seul but sera de se soustraire à ces suites, ce qui, avec un peu de savoir-faire, n'est pas impossible. Il lui paraîtra licite de mentir, s'il peut dissimuler son mensonge; de voler, si son larcin ne doit pas être découvert. Les mailles de la justice naturelle ne sont pas si serrées qu'un délinquant habile ne puisse espérer de passer indemne et impuni à travers ses filets. La discipline des réactions naturelles eût-elle toutes les vertus que son inventeur lui attribue, il resterait donc contre elle un grief irrémissible, c'est que, à supposer qu'elle punisse la faute, elle ne moralise pas le coupable. Elle est vide de toute idée morale. Elle place l'enfant seulement en présence du préjudice physique. Elle rappelle ces systèmes pénitentiaires qui châtient le crime, mais n'amendent pas le criminel. Comment espérer que le seul souvenir de la peine infligée par la nature aura la puissance d'empêcher l'homme ou l'enfant de récidiver dans sa faute ? Le buveur se souvient qu'il a eu mal à la tête le lendemain d'une orgie : cela suffira-t-il pour faire contrepoids à l'attrait des plaisirs que lui promet une nouvelle tournée au cabaret ?

En résumé, la discipline des réactions naturelles est, de bien des manières, insuffisante et précaire, injuste parfois et brutale. Est-ce à dire qu'elle n'ait pas ses avantages, et qu'il faille l'écarter absolument ? Non, elle peut être un élément utile de la discipline, à condition qu'on la complète, d'abord par des récompenses, dont M. Spencer ne nous parle pas, ensuite et surtout par un appel aux sentiments affectueux de l'enfant, et aussi à son sentiment moral, à la conscience qui seule peut engendrer les punitions vraiment salutaires, celles du remords et du repentir. La discipline des résultats a ce mérite qu'elle n'est point capricieuse, comme la discipline trop souvent incohérente des volontés humaines, faite d'ordres et de contre-ordres. Elle ne menace pas en vain ; elle exerce une répression muette et immuable. Par suite, elle ne désoriente pas l'enfant au milieu de prescriptions contradictoires. Enfin, ne mettant pas en conflit la volonté de l'enfant avec celle de ses parents, elle écarterait le danger qui résulte des éducations ordinaires : celui d'irriter les enfants contre leur père ou leur mère qui, toujours grondeurs, toujours la menace à la bouche, finissent par se faire détester. Mais il y a deux choses à remarquer : d'abord, comme nous l'avons vu, M. Spencer est obligé lui-même de recourir aux parents pour aider la nature à punir l'enfant, et cette intervention est suffisante pour faire renaître le péril qu'il s'agissait précisément d'éviter. De plus, M. Spencer est bien obligé d'en revenir à faire place, dans son propre système, à l'approbation et à la désapprobation paternelle, et à les considérer comme des réactions naturelles, elles aussi. Il nous montre, dans des tableaux délicats, le fils attristé parce que son père lui bat froid, la fille désolée parce qu'elle craint d'avoir perdu l'amitié de sa mère. Nous revoilà dans la vérité. Seulement il est permis de se demander si, ayant été élevé selon la méthode spencérienne, l'enfant sera disposé à s'émouvoir du mécontentement de ses parents. Qu'il souffre, quand il se brûle, cela est dans l'ordre des choses, puisque sa chair est naturellement sensible à la douleur. Mais, pour qu'il s'affecte des reproches de ses parents, il faut qu'il ait appris à les aimer ; il faut qu'il ait un cœur, et

M. Spencer semble avoir oublié de lui en donner un. Quelle sensibilité morale attendre d'un pauvre petit être qu'on aura livré, sans défense, sans protection, aux rigueurs de la nature, qu'on aura laissé seul avec sa souffrance, sans le soulager, sans lui adresser une parole d'affection et de pitié? N'est-il pas à craindre que cet élève de la nature, qui n'aura pas senti de bonne heure les douces influences de la sollicitude et de la tendresse de ses parents, reste froid et insensible devant les manifestations de leur mécontentement?

VI

Il est temps de conclure, non pour insister sur les lacunes, sur les défauts trop manifestes de l'essai sur l'*Éducation,* — quelle est l'œuvre, même de génie, qui n'a point ses taches? — mais plutôt pour en résumer les mérites essentiels.

Les lacunes et les défauts, nous les avons relevés au passage. Il y en aurait d'autres à signaler. D'abord, il semble que M. Spencer, comme Locke, n'ait souci que de l'éducation du « gentleman », de celui qui peut consacrer à l'étude les longues années de sa jeunesse. Dans son plan uniforme pour tous, il n'est pas tenu compte des divers degrés d'instruction. L'éducation populaire n'y est pas directement visée : car, dans l'état présent de la société, il serait chimérique de proposer à l'enfant du peuple, que les nécessités de la vie obligent à gagner son pain de bonne heure, un cours d'études aussi large et une préparation à la « vie complète ». En outre, ce projet d'éducation aristocratique, tout comme le projet de Rousseau, peut convenir pour l'éducation domestique et individuelle, mais non pour l'éducation collective et commune : car il est évident, par exemple, que la discipline des réactions naturelles serait inapplicable dans une école... Mais, sans appuyer sur la critique, avouons le défaut principal : c'est, dans une œuvre qui a des prétentions à la nouveauté, un certain manque d'originalité, masqué par l'éclat du style et la verve piquante des détails. M. Spencer est un habile metteur en scène. Grâce à une merveilleuse puissance verbale, il habille magnifiquement les idées des autres, mais, en ce qui concerne l'éducation, peut-être est-il juste de dire qu'il a peu d'idées vraiment nouvelles...

Et cependant nous ne saurions refuser notre admiration à ces pages brillantes, où un penseur humoristique et profond a empreint d'un relief extraordinaire, et animé d'un souffle de vie intense, quelques-uns des principes fondamentaux de l'éducation nouvelle. S'il reprend des théories qui étaient connues avant lui, c'est pour les développer avec une ampleur puissante ; c'est aussi pour y mettre un accent personnel, toute l'ardeur de sa foi philosophique, un esprit de liberté, un sentiment d'humanité et de douceur, et enfin, ce qui peut surprendre, un esprit religieux des plus élevés.

Personne n'a revendiqué avec autant de force les droits de l'esprit scientifique et philosophique. M. Spencer, bien qu'il nous ait paru aboutir à des éducations professionnelles, n'est pourtant pas l'homme d'une science spéciale et étroite. Il aspire à la science totale, c'est-à-dire à la philosophie qui est le « savoir unifié ». Quoiqu'on puisse penser de la solidité de ses hypothèses, on ne saurait en contester la grandeur. Il a eu l'ambition de mettre en nos mains le fil d'Ariane qui peut guider nos pas dans le labyrinthe de l'univers. Au nom de cette noble et large philosophie, il nous convie à une conception plus haute et toute moderne de l'éducation. La véritable éducation, dira-t-il, ce sont des philosophes seuls qui peuvent la donner. Comme il nous élève au-dessus de la routine et des études mesquines que la tradition perpétue dans certaines parties de l'instruction ! Avec quelle vivacité il secoue les préjugés et les vieilleries ! Comme il tance vertement parents et maîtres qui rougiraient et se croiraient injuriés, si on les accusait de ne pas connaître les exploits légendaires de quelque demi-dieu de la Fable, et qui avouent sans confusion qu'ils ignorent qu'elle est la structure du corps humain, comment ils digèrent, comment ils respirent ; qui enseignent à leurs enfants et à leurs élèves l'histoire des tribus d'Israël, et qui négligent de leur apprendre, soit les lois du monde physique, soit les principes de l'organisation sociale. Sous la bannière de la pédagogie spencérienne se rangeront désormais tous ceux qui, aux frivolités, aux élégances d'une instruction verbale préfèrent la nourriture substantielle de la science, au risque d'en abuser, qui ouvrent le monde réel à l'esprit, qui veulent faire des hommes positifs et pratiques, et cependant associés par leurs connaissances générales à la vie universelle de la nature et des sociétés humaines. Et de même il faut compter parmi les disciples de M. Spencer tous ceux qui, après avoir assigné la philosophie comme but suprême à l'éducation, la lui recommandent aussi comme moyen ; tous ceux qui pensent qu'il n'y a de bons éducateurs qu'à la condition qu'ils soient psychologues, que c'est la psychologie qui institue les meilleures méthodes, celles qui réclament les meilleurs ouvriers. N'oublions pas que M. Spencer, contrairement à Auguste Comte, donne une place à la psychologie dans son catalogue des sciences. Comme Locke, comme Stuart Mill, comme Bain, il appartient à cette école anglaise de philosophes qui, plus qu'en aucun autre pays, ont assuré un beau développement des théories pédagogiques en remontant à la source, c'est-à-dire aux études psychologiques. « Le sceptre de la psychologie, disait précisément Stuart Mill, est maintenant revenu à l'Angleterre »; et M. Th. Ribot a ajouté : « On pourrait soutenir qu'il n'en est jamais sorti. »

L'esprit scientifique et l'esprit philosophique appellent l'esprit de liberté. M. Spencer est un grand libéral et un individualiste déterminé. C'est bien à tort que les socialistes ont prétendu l'enrôler dans leurs rangs. C'eût été une bonne fortune pour eux de pouvoir recommander leurs théories de la grande autorité intellectuelle du plus savant des sociologues anglais. Le malheur est que ce prétendu socialiste abuserait plutôt de l'individualisme. Bien loin d'adhérer à une doctrine qui tend à courber l'humanité sous le joug d'un nouveau despotisme, il aspire à un régime de liberté absolue. Le gouvernement, à ses yeux, est un mal, présentement nécessaire, mais un mal qui va s'atténuant, avec les progrès de la raison. La loi morale, c'est la loi de la liberté dans l'égalité. « Un jour viendra où chaque homme saura associer dans son cœur à un amour actif de sa propre liberté des sentiments actifs de sympathie pour la liberté de ses semblables. Alors, les limites à l'individualité qui subsistent encore, entraves légales ou violences privées, seront enfin effacées ; per-

sonne ne sera plus gêné dans le développement
de son individualité, car chacun, en soutenant ses
propres droits, respectera les droits des autres... »
Il serait difficile de trouver dans ces prophéties
sociales la moindre trace de complaisance pour les
utopies collectivistes. D'ailleurs M. Spencer s'est
clairement expliqué. Après avoir décrit l'état
misérable de certaines peuplades qui ont fait l'essai
du communisme, — les Peaux-Rouges de l'Hudson,
et quelques tribus arriérées de l'Europe orientale,—
il conclut « que la doctrine des socialistes, qui est
absurde au point de vue psychologique, serait
néfaste au point de vue biologique » : car elle
entraînerait la décadence rapide et l'anéantisse-
ment des sociétés qui auraient la fantaisie de la
mettre en pratique.

La liberté, qui est le but du progrès social, —
car le gouvernement définitif sera celui qui con-
tiendra le minimum d'autorité avec le maximum
de liberté, — la liberté ne s'acquiert que par un
long effort de la nature. « Elle est le prix d'une
vigilance éternelle. » Il faut la développer chez
l'écolier autant que chez l'adulte, dans la mesure
du possible, la respecter chez la femme aussi bien
que chez l'homme. Dans cette question délicate de
l'égalité des sexes, M. Spencer serait plutôt hostile, en théorie, aux prétentions de la femme. Il
déclare en effet que, les cas exceptionnels écartés,
la moyenne des forces intellectuelles, comme la
moyenne des forces physiques, est inférieure, chez
la femme, aux mêmes moyennes chez l'homme.
Mais, dans la pratique, il se montre plus favorable.
« L'équité, dit-il, exige qu'on ne fasse rien pour

désavantager les femmes. » Il faut leur accorder la même liberté qu'aux hommes. Il n'y a pas de restriction à leur imposer dans le choix d'une profession. La seule chose qu'on devra leur refuser, c'est la participation aux droits politiques. M. Spencer en donne cette raison intéressante que, le jour où la femme serait électeur et éligible comme l'homme, n'étant pas soumise aux mêmes charges que lui, — par exemple à l'obligation du service militaire, — elle se trouverait placée dans une condition, non d'égalité, mais de supériorité ; et finalement il renvoie la solution de la question à l'époque, hélas ! bien lointaine, où il n'y aura plus de militarisme, où la paix universelle sera enfin établie parmi les hommes.

D'après ces principes, l'éducation, comme la vie sociale qu'elle prépare, doit être une œuvre de liberté. Mais elle est aussi par suite une œuvre de douceur et de bonté. Sans doute on a pu reprocher à M. Spencer la dureté inhumaine de quelques-unes de ses conclusions. Dans son *Introduction à la science sociale*, dans son livre, *l'Individu contre l'État*, il renouvelle les cruelles théories de Platon, qui excluait de sa République les êtres disgraciés. Il abandonne à leur malheureux sort, il ne veut pas qu'on assiste, qu'on soulage, les infirmes et les valétudinaires. Il compte au nombre de ce qu'il appelle les « péchés du législateur », les actes de philanthropie sentimentale. « Nourrir les incapables aux dépens des capables, dit-il, c'est accumuler pour la postérité une réserve de misère. » Ici c'est l'évolutionniste qui parle : il faut que la machine du progrès marche à grande vitesse, au risque de broyer sous ses roues tous ceux qui feraient obstacle à sa marche. Mais, pour les êtres qu'il admet dans sa cité, M. Spencer est au contraire doux et bon. Il a dit lui-même de son système de morale qu' « à l'inflexibilité il alliait la douceur ». S'il est partisan de l'éducation attrayante, il ne l'est pas moins d'une morale aimable. L'ascétisme lui fait horreur. Il n'a que mépris pour les moralistes sévères qui ont compromis le succès de leurs préceptes en les exposant sous des formes qui provoquent la « répulsion ». Quelle jolie leçon de discipline familiale il nous donne dans ce passage de la *Préface* des *Principes de morale :* — « Si un père, insistant avec dureté sur de multiples commandements, les uns nécessaires, les autres inutiles, aggrave la rigueur de sa surveillance par des airs sévères et colères; s'il n'est permis à ses enfants de s'amuser qu'en cachette; si, revenant timidement de jouer, ils ne rencontrent qu'un regard froid ou même un froncement de sourcils : l'autorité paternelle ainsi exercée ne sera pas aimée, elle sera peut-être haïe, et les enfants n'auront d'autre pensée que de s'y soustraire le plus tôt possible. A ce père opposez celui qui, tout en maintenant fermement les prohibitions nécessaires pour garantir le bien-être des enfants ou celui des autres personnes, sait non seulement s'abstenir de tout ordre superflu, mais encore autoriser tous les amusements légitimes, et qui regarde avec un sourire d'approbation leurs ébats et leurs jeux, celui-là est presque certain d'acquérir sur eux une influence qui, sans être moins efficace dans le présent, aura l'avantage de se prolonger dans l'avenir... L'autorité de chacun de ces deux pères est le symbole de l'autorité de la morale, telle qu'elle est, et de la morale telle qu'elle devrait être... »

M. Spencer, comme Rousseau, comme Michelet, veut que l'enfant soit heureux, que l'éducation soit une œuvre de joie. Il aura contribué à réhabiliter le plaisir dans l'école, comme dans la vie. Il estime que les sensations agréables relèvent le niveau de l'existence, que la souffrance l'abaisse. Il élimine le plus possible les restrictions qui oppriment, la contrainte qui attriste, les prescriptions impératives qui exigent des enfants un effort douloureux, comme de leurs pères une abnégation surhumaine. Il fait appel au contraire aux forces actives, à l'initiative, à la volonté personnelle, à tout ce qui émancipe, à tout ce qui réjouit.

Ainsi le veut la nature, non pas la nature aveugle des Épicuriens qui laisse les choses aller au hasard, mais une nature bienfaisante et ordonnée. L'humanité, comme l'univers, a une fin, un but, et elle le poursuit sans relâche, à travers les fluctuations et les vicissitudes, les périodes d'arrêt et les mouvements de recul, qui retardent la marche en avant, mais qui ne compromettent pas le succès final. Et si la nature est bienfaisante et réglée, il semble que ce soit par la volonté de je ne sais quelle puissance mystérieuse à laquelle elle obéit. M. Spencer a beau reléguer la Providence, l'Être suprême, dans les régions de l'inconnaissable : il invoque à chaque instant son action, sans expliquer d'ailleurs comment il entend qu'elle s'exerce. Il dira que toute discipline d'institution humaine est

mauvaise et qu'elle échoue, quand elle se sépare de
la discipline naturelle d'institution divine (*divinely
ordained*). Il protestera que la science, dans ses conclusions les plus hardies, n'a rien d'irréligieux, ni
d'impie. La science est hostile aux superstitions qui
se parent du nom de religion, mais elle n'est point
l'ennemie de l'esprit religieux essentiel, que les
religions masquent ou défigurent. La science est
« fière » devant les traditions et les légendes : mais
elle est « humble » devant le voile impénétrable
qui cache l'absolu aux yeux de l'homme.

Les paroles religieuses abondent dans les écrits
du philosophe évolutionniste. Il critique durement
les érudits qui s'intéressent aux intrigues amou-
reuses de Marie, reine d'Écosse, ou qui commentent
savamment une ode grecque, mais qui dédaignent
de connaître l'architecture des cieux, et qui n'ac-
cordent pas un regard « au grand poème épique
que le doigt de Dieu a écrit sur les couches du
globe ». Il ira même jusqu'à prétendre que seul
l'homme de science est vraiment religieux. « Seul,
l'homme de science, celui qui, par-dessus les
vérités inférieures, recherche les vérités les plus
hautes, seul le véritable homme de science peut
réellement savoir combien est au-dessus de toute
conception humaine le Pouvoir universel, dont la
Nature, la Vie et la Pensée sont les manifestations... »

Ce ne sont pas là, croyons-nous, des déclarations
vaines, des précautions de prudence, à la Des-
cartes, de la part d'un philosophe qui craindrait
de se brouiller avec les puissances temporelles
ou spirituelles. La doctrine de l'évolution, chez

M. Spencer comme chez Darwin, n'exclut pas l'idée d'un Dieu, qui, pour être inconcevable, ne s'en impose pas moins comme une hypothèse nécessaire, étant donné le mystère impénétrable que la pensée humaine rencontre au fond de toutes choses ; un Dieu qui fait songer au Dieu d'Aristote, inconnu du monde qu'il ne connaît pas, mais pourtant cause finale du monde, et vers lequel le monde aspire éternellement, conduit et poussé par un irrésistible attrait.

Ajoutons enfin que ce Dieu mystérieux est celui qui inspire aux hommes la religion de l'amour, en opposition avec la religion de la haine. Celle-ci, nos maîtres s'obstinent à l'enseigner tous les jours de la semaine, en faisant étudier aux enfants les grandes épopées grecques et romaines ; — M. Spencer n'aime décidément pas l'antiquité. — L'autre, on ne nous l'apprend qu'un seul jour par semaine, le dimanche, en nous faisant lire le Nouveau Testament. Mais n'importe, c'est la religion de l'amour qui grandit et s'infiltre dans les cœurs à mesure que la civilisation progresse. C'est elle qui finira par triompher, et qui, par un progrès indéfini, fera régner sur la terre un âge d'or, où l'on verra la fin de toute misère, l'apaisement de toute haine, une éternelle félicité.

FIN

BIBLIOGRAPHIE

Education : intellectual, moral, and physical; première édition anglaise, 1861.

Traductions françaises : *De l'éducation,* etc., sans nom d'auteur, première édition. Paris, 1878. — Même traduction, revue et corrigée, édition populaire, Paris, Germer-Baillière. — Traduction de M. Alexis Bertrand, Paris, Belin.

Dans les divers ouvrages de M. Spencer, il faut lire : *Introduction à la science sociale,* traduction française, 1875, notamment les chapitres VIII et XIII : *Les préjugés de l'éducation : Discipline.* — *Essais,* traduction A. Burdeau, 1879 ; les articles suivants : *Le Progrès, L'Utile et le Beau, Trop de lois,* etc. ; — dans les *Problèmes de morale et de sociologie,* traduction de M. Varigny, les chapitres intitulés : *De la liberté à la servitude, Les Américains, La Morale de Kant, La Morale et les sentiments moraux,* etc. — Et aussi les ouvrages suivants : *Les bases de la morale évolutionniste,* traduction française, Paris, 1880. — *L'Individu contre l'État,* traduction de M. Gerschel, Paris, cinquième édition, 1901, etc.

R. Hebert Quick, *Essays on educational Reformers,* 1868.

W.-H. Payne, *Contributions to the Science of Education,* New-York, 1886.

Chaumeil, *Manuel de pédagogie psychologique,* Paris, 1885.

M. Vessiot, *De l'éducation,* Paris, 1885.

M. Gréard, *Éducation et Instruction,* t. II ; *L'esprit de discipline,* Paris, 1887.

Guyau, *La morale anglaise contemporaine,* Paris, 1879.

Guyau, *Éducation et hérédité,* Paris, 1889.

Demogeot et Montucci, *De l'enseignement secondaire en Angleterre,* Paris, 1868.

M. Fouillée, *L'enseignement au point de vue national,* Paris, 1891.

M. Thamin, *Éducation et positivisme,* Paris, 1892.

M. A. Bertrand, *L'enseignement intégral,* Paris, 1898.

M. J. Halleux, *L'évolutionnisme en morale,* étude sur la philosophie de Herbert Spencer, Paris, 1901.

TABLE ET SOMMAIRE

Original en couleur

NF Z 43-120-B